彩图1-1　密闭老龄果园

彩图1-2　隔行间伐改造后的果园

彩图1-3 矮砧密植栽培模式果园

彩图1-4 矮砧密植栽培模式果园结果状

彩图1-5　人工种草的果园

彩图1-6　自然生草的果园

彩图1-7　标准化良种苗木繁育苗圃

彩图3-1 覆盖鼠茅草的春季果园

彩图3-2 覆盖鼠茅草的夏季果园

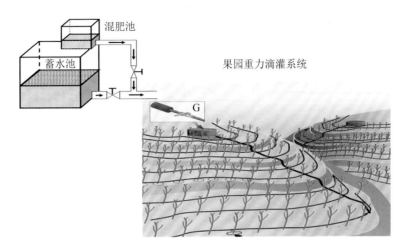

混肥池

蓄水池

果园重力滴灌系统

G

彩图3-3 果园重力滴灌系统

彩图3-4 果园滴灌

彩图3-5 水肥一体化设备

彩图3-6 果园中的水肥一体化设备

果树栽培修剪图解丛书

苹果

高产栽培整形与修剪

图解

- 张玉刚
- 马春晖　主编
- 刘　宁

化学工业出版社

·北京·

目前我国苹果生产正在逐步实现由乔砧密植栽培向宽行矮砧集约高效栽培的转变。苹果矮砧集约高效栽培技术模式，需要相应的整形修剪技术以切实提高栽培效益。本书由国家现代苹果产业技术体系专家编著，分别介绍了苹果产业现状与发展趋势、新进推广的苹果优良品种、苹果栽培基础知识、苹果整形修剪的原则和依据、苹果主要树形和整形修剪技术、不同树龄和树势整形修剪技术、苹果修剪中常见问题与解决方法、低产园改造技术等，本书图片和实例丰富，用图解的方式形象介绍了现代苹果整形修剪技术。适合果树栽培人员、果园经营生产技术人员、果树栽培修剪技术推广人员及相关科研人员参考阅读。

图书在版编目（CIP）数据

苹果高产栽培整形与修剪图解/张玉刚，马春晖，刘宁主编. —北京：化学工业出版社，2018.5
（果树栽培修剪图解丛书）
ISBN 978-7-122-31999-9

Ⅰ.①苹⋯　Ⅱ.①张⋯②马⋯③刘⋯　Ⅲ.①苹果-果树园艺-图解　Ⅳ.①S661.1-64

中国版本图书馆 CIP 数据核字（2018）第 077879 号

责任编辑：李　丽　　　　文字编辑：赵爱萍
责任校对：边　涛　　　　装帧设计：韩　飞

出版发行：化学工业出版社
　　　　　（北京市东城区青年湖南街 13 号　邮政编码 100011）
印　　刷：北京京华铭诚工贸有限公司
装　　订：三河市瞰发装订厂
850mm×1168mm　1/32　印张 7¾　彩插 3　字数 144 千字
2018 年 9 月北京第 1 版第 1 次印刷

购书咨询：010-64518888（传真：010-64519686）
售后服务：010-64518899
网　　址：http://www.cip.com.cn
凡购买本书，如有缺损质量问题，本社销售中心负责调换。

定　　价：35.00 元　　　　　　　　版权所有　违者必究

编写人员名单

主　　编　张玉刚　马春晖　刘　宁

副 主 编　郭绍霞　周　娜

参编人员　孙　欣　赵培磊　张玉刚　马春晖

　　　　　刘　宁　郭绍霞　周　娜

苹果高产栽培整形与修剪图解

　　果树产业是农业的重要组成部分。搞好果树生产对发展农业经济、保障果品供给、改善人们生活、增加农民收入、出口创汇、绿化荒山、调节气候等方面都具有十分重要的意义。果树生产属园艺范畴，自古以来人们对"三园"（果园、菜园、花园）比较器重，通常对其精耕细作，巧施技艺。随着名优稀特新品种的采用，品种结构的不断优化，设施保护栽培的不断兴起，果树单位土地面积收益也随之大幅度提升，加之果树的大面积推广发挥出了其独到的生态与休闲观光的功能，因此，果树生产在我国的经济建设中具有举足轻重的地位。

　　尽管近些年来我国果树产业呈现高速发展态势，总面积、总产量、年递增率已跃居世界之首，成为果品生产大国，但还存在着许多失衡、失调、失控之处，许多地方存在技术管理落后与盲目发展果树的"果树热"之间的突出矛盾，制约着我国果树生产的持续发展。在果树发展爆发性热潮中，由于果园投入严重不足、管理跟不上、技术人才匮乏等问题，存在建园质量差、栽培技术体系不健全、适龄果园不投产、单位面积产量低、果品质量差等不足。

为了服务果树生产，并对其提供科学技术指导，我们根据实践经验，结合大量文献资料编写了一套12个分册的《果树栽培修剪图解丛书》：《图解设施葡萄高产栽培与病虫害防治》《图解设施草莓高产栽培与病虫害防治》《苹果高产栽培整形与修剪图解》《图解梨高产栽培与病虫害防治》《柑橘高产优质栽培与病虫害防治图解》《石榴高产栽培整形与修剪图解》《蓝莓高产栽培整形与修剪图解》《猕猴桃高产栽培整形与修剪图解》《图解桃杏李高产栽培与病虫害防治》《核桃板栗高产栽培整形与修剪图解》《图解樱桃高产栽培与病虫害防治》和《图解设施西瓜高产栽培与病虫害防治》，该丛书以现代生物科学理论为基础，结合果树生长发育规律及果树栽培基本理论，并根据不同地区果树生物学特性以及作者多年在果树高产优质栽培中积累的经验和最新研究成果，通过图谱直观地讲解果树树体管理、果实管理、设施栽培、土肥水管理、病虫害防治、整形修剪等高效栽培的实用技术，并利用最新研究成果解释了实用技术的可靠性和科学性。该丛书不仅能给科技工作者提供参考，也能为果农提供新的高产栽培实用技术，从而为果树生产提供科技支撑，是一套实用性很强的果树高产优质栽培技术用书。

编委会

2016 年 8 月

我国是世界苹果生产第一大国，栽培面积和产量均居世界第一位。尤其是近十年来，我国苹果产业进入快速发展期，2016 年，中国苹果种植面积 $2.32 \times 10^6 hm^2$，产量 $4.39 \times 10^{10} kg$，在我国果品生产中居于首位。

从目前我国苹果主栽品种来看，大多数还是国外引进品种，可喜的是经过我国育种工作者几十年的努力，涌现出了一批苹果新品种，开始在生产上推广应用。

从栽培模式上看，中国苹果生产处于大规模更新换代的关键时期，新建果园推广苹果矮砧集约高效栽培技术模式，逐步实现由乔砧密植栽培向宽行矮砧集约高效栽培转变。在新的栽培模式下，如何根据新的树形进行整形修剪、更新过时的栽培技术，对我国优质苹果生产有重要意义。

为了适应现代苹果栽培模式，让广大果树技术人员更好地了解国内外苹果产业发展趋势、新选育的苹果品种以及新栽培模式下的苹果整形修剪技术，我们组织编写了《苹果高产栽培整形与修剪图解》，介绍了目前主要栽培品种的形态特征和品质特征，利用图解的方式形象介绍了现代苹果整形修剪技术，为从事苹果种植、科研、推广人员及其他相关人员提供一定的参考。

全书共分为八章，分别介绍了苹果产业现状与发展趋势、苹果优良品种、苹果栽培基础知识、苹果整形修剪的原则和依据、苹果主要树形和整形修剪技术、不同树龄和树势整形修剪技术、苹果树修剪中常见问题与解决方法、低产园改造技术。张玉刚编写第一章至第四章，马春晖编写第五章至第八章，全书的插图由刘宁和周娜编绘，郭绍霞、孙欣和赵培磊对全书进行了校订、编辑、排版以及图片的收集工作。

在本书编写过程中，得到了国家现代苹果产业技术体系以及各位同行的支持和帮助，在此一并致谢。由于编者业务水平和经验有限，收集的资料不够全面，难免存在疏漏，敬请读者批评指正。

编者

2018 年 3 月于青岛

第一章

苹果产业现状与发展形势

第一节

世界苹果产业发展现状

一、世界苹果产业地位

苹果产业是世界四大水果产业之一，总产量仅次于柑橘类（$832.3×10^4 hm^2$、$11.265×10^{10} kg$）、香蕉（$441.0×10^4 hm^2$、$8.126×10^{10} kg$）和葡萄（$753.4×10^4 hm^2$、$6.627×10^{10} kg$），居第四位。

二、世界苹果种植面积、产量及分布

2010 年年底，全球苹果种植面积约 $500×10^4 hm^2$，总产约 $5.5×10^{10} kg$，实现基础产值 200 亿美元以上。世界苹果主产区主要集中在亚洲（59.96%）、欧洲（21.71%）、美洲（14.49%），占世界苹果总产量的 96% 以上。目前世界上有一定苹果生产规模的国家有 80 多个，面积超过 $40×10^4 hm^2$ 的国家有中国、俄罗斯，超过 $10×10^4 hm^2$ 的国家有波兰、澳大利亚、白俄罗斯、土耳其、智利，超过 $5×10^4 hm^2$ 的国家有德国、法国、巴基斯坦、朝鲜、阿塞拜疆、巴西、日本等国。

据统计，2015/2016 产季世界苹果总产量为 $7.7019×10^{10} kg$，比 2014/2015 产季的 $7.6452×10^{10} kg$ 增长 0.74%。按照国别及地区分布分析，2015/2016 产季苹果年产量超过 $200×10^7 kg$ 的国家和地区依次为

中国、欧盟 28 国、美国、土耳其和印度，它们的苹果总产量达到 6.4721×10^{10} kg，占到世界苹果总产量的 84.03%，表明世界苹果生产区域集中度很高。其中，2015/2016 产季中国苹果产量达到 4.3×10^{10} kg，占到世界总产量的 55.83%，因良好气候条件及苹果种植面积扩大，此产季中国苹果产量比 2014/2015 产季增产 208.0×10^7 kg，增幅达到 5.08%，是该产季对世界苹果总产量增长贡献最大的国家；土耳其苹果产量增长最为明显，增幅高达 19.70%。相反，受气候及自然灾害影响，欧盟 28 国及美国的苹果产量较 2014/2015 产季明显下降，降幅分别为 10.27% 和 10.13%。2015/2016 产季，印度、伊朗、智利和乌克兰 4 国的苹果产量与 2014/2015 产季基本持平。

三、世界苹果品种结构

苹果是一个古老的树种，世界上仍保持着 7500 多个苹果品种，但生产中广泛栽培的品种只有 100 多个。近年，世界苹果品种更新换代加快。老品种元帅系和金冠系是构成不包括中国在内的其他国家（如法国、美国和意大利等）苹果产量的主要品种，这两个品种加上其他较老的品种澳洲青苹、旭和瑞光的产量大约占世界苹果总产量的 48%。全世界富士产量为 1.2327×10^{10} kg，占世界苹果产量的 20.9%，因此富士已经成为世界第一主栽品种（主产国有中国、日本及部分欧美国家），其次是元帅系、金冠系、嘎拉、澳洲青苹和乔纳金。

2002年《世界苹果品种述评》一书预测未来10年内苹果品种产量构成与品种发展趋势认为：元帅系和瑞光等老品种产量有所下降，下降幅度在1%～3%；而金冠系、旭、澳洲青苹等老品种产量略微增加，增加幅度在2%～9%；新品种乔纳金和艾尔斯塔产量可能增加20%～30%；嘎拉和富士增加40%～50%；而最新品种粉红女士产量增长最快，可能达到200%。

美国栽培100多个苹果品种，其主栽品种为元帅、金冠、澳洲青苹、富士和嘎拉等。美国苹果产业协会推荐18个品种作为今后发展的主要品种：布瑞本、富士、嘎拉、金冠、澳洲青苹、艾达红、乔纳金、旭、翠玉、瑞光、元帅、红玉、卡米欧、考特兰德、恩派、金娇、蜜脆和粉红女士。日本除红富士主栽品种（占总产量的一半）外，津轻、珊夏、乔纳金、王林、陆奥等都是日本培育的优良品种，支撑着日本苹果业。澳大利亚新栽植苹果品种中，最新品种所占比例高达50%，分别是粉红女士43%和Sundowmer 7%；新品种嘎拉、富士和布瑞本所占比例分别为18%、8%和1%；老品种所占比例为20%，其中澳洲青苹所占比例最高，为15%，其次为金冠4%，红星比例最低为1%，其他品种3%。新西兰新栽植苹果品种中，新品种所占比例最高，高达92%，分别是嘎拉35%、富士5%、布瑞本15%、粉红女士12%、太平洋玫瑰2%、爵士15%、太平洋美人4%和Tentation 4%；老品种澳洲青苹和其他品种仅占8%，其中澳洲青苹4%，其他品种4%。

四、世界苹果加工现状

世界苹果总产量的 25％用于加工，很多苹果生产先进国家超过 50％～75％的产量用于加工，如阿根廷加工量占苹果总产量的 55％，匈牙利占 60％。加工制品以果汁、果酒、果酱、果干和罐头等产品为主。

苹果浓缩汁是苹果加工业的主导产品，年产量在 $(80\sim130)\times10^7$ kg。按产量排序的主要生产国依次为中国、波兰、德国、美国、阿根廷、匈牙利、意大利、智利、南非和新西兰等。近几年来，中国苹果浓缩汁产量增加最快，2014/2015 榨季全国加工果总消费量约为 285×10^7 kg。美国、德国和日本等一些国家，随着生产成本的不断提高，国内苹果浓缩汁的生产规模不断缩小，需要依靠进口来满足市场需求。

1. 德国

德国苹果总产量的 75％用于加工。主要加工品种为格罗斯，是一个加工鲜食兼用优良品种。在欧洲，尤其是德国的苹果加工企业把该品种作为主要的加工原料，主要用于制作果汁、果片、果酒等。

2. 美国

总产量的 40％是加工苹果，55％的加工苹果用于加工果汁，35％用于罐头及速冻产品的生产。用于加工的主要品种有：布瑞本（Braeburn）、卡米欧（Cameo）、恩派（Empire）、澳洲青苹（Granny Smith）、哈尼脆（Honeycrisp）、乔纳金（Jonagold）、红玉（Jonathan）、旭（Mclntosh）和瑞光（Rome Beauty）等。

3. 波兰

苹果总产量的 65％用于加工。波兰用于加工的苹果品种主要有 Cortland、Champion、Idared 和 Lobo。

4. 智利

苹果加工量占其总产量的 20％～30％。用于加工的主要品种有乔纳金、布瑞本和澳洲青苹。

5. 阿根廷

苹果总产量的 55％用于加工。用于加工的主要品种有红元帅（Red Delicious）、澳洲青苹和金冠。

6. 中国

中国苹果总产量的 20％左右用作加工原料。主要苹果品种有富士、秦冠、元帅、国光、嘎拉及其他加工苹果品种等。

总之，随着苹果生产成本的不断增加，发达国家的栽培面积和产量在逐渐降低，而发展中国家的栽培面积和产量在不断增加。

/ 第二节 /

我国苹果产业发展现状及发展趋势

一、国内苹果生产的基本情况

1. 在世界苹果生产中的地位

我国是世界苹果生产第一大国，栽培面积和产量均居世界第一位，面积和产量分别占世界的 40.6%和 42.8%。

2. 在国内果品生产中的地位

苹果是中国第一大果品产业，产量和面积占全国果品总面积和总产量的 18.74%和 15.48%，在果品生产中居第一位。

3. 面积和产量

2016 年，中国苹果种植面积 $2.32 \times 10^6 \, \text{hm}^2$，产量 $4.39 \times 10^{10} \, \text{kg}$。

4. 生产分布

我国苹果产区主要集中在环渤海、黄土高原、黄河故道和西南冷凉高地 4 大产区。其中，以山东半岛、辽宁南部、河北东部为代表的环渤海产区和陕西北部、甘肃东部、山西南部、河南西部、河北西部为代表的黄土高原产区，为我国两大优势产区（表 1-1），2010 年优势产区的苹果面积和产量分别达到 $201.53 \times 10^4 \, \text{hm}^2$，$3.928 \times 10^{10} \, \text{kg}$，占全国的 86.73%和 89.51%。

表 1-1　全国及各主产区苹果栽培面积、产量（2016 年）

	全国	陕西	山东	河北	甘肃	河南	山西	辽宁	其他
面积 /10^4hm^2	232.38	70.47	30.13	24.13	29.40	16.87	15.0	15.53	30.85
比重/%		30.32	12.97	10.39	12.65	7.26	6.45	6.68	13.27
产量 /$\times 10^7 \text{kg}$	4388.2	1101	978	366	360	439	427	257	460.2
比重/%		25.09	22.29	8.34	8.20	10.00	9.73	5.86	10.49

5. 单产

随着苹果栽培技术、投入水平逐步提高，我国苹果单产水平也在逐年提高。2007 年全国苹果单产为 946.8kg/667m²，比上年增长了 3.5%。山东是全国单产水平最高的省份，其单产平均已达 1585.0kg/667m²，已经达到苹果生产先进国家 1300～2000kg/667m² 的水平。河南省单产为 1288.5kg/667m²，接近苹果生产先进国家水平。陕西、辽宁、山西、河北和甘肃的单产分别为 964.6kg/667m²、943.0kg/667m²、865.2kg/667m²、661.0kg/667m² 和 383.5kg/667m²，七个苹果主产省份苹果单产分别为全国苹果单产的 167.4%、136.1%、101.9%、99.6%、91.4%、69.8% 和 40.5%。

6. 果品质量

我国苹果优质果率在 30%～40% 左右，达到出口标准的高档果率仅为 5% 左右，与世界先进国家的苹果质量水平差距较大。

二、品种结构

中国苹果以红富士为主，其产量占苹果总产量的 65%。苹果主产省山东富士面积和产量分别占全省的 70.2% 和 76.2%，其他苹果主产区陕西、北京、河南、河北、甘肃和山西的富士品种比例也占其苹果生产总量的 60% 以上。另外，许多果区（山东、山西、陕西、辽宁等省）开始重视加工用品种（澳洲青苹、红玉等）的栽培；苹果主栽品种进一步趋向区域化发展。

1. 陕西省

富士约占全省栽培总面积的 65％，秦冠占 20％；嘎拉系占 10％；澳洲青苹 4.2％，新红星、金冠、华冠、千秋、新世界、乔纳金、红将军等占 5.8％。

2. 山东省

富士面积和产量分别占全省的 70.2％和 76.2％；嘎拉分别占 7.7％和 7.7％；新红星分别占 4.7％和 4.6％；红将军分别占 3.0％和 2.1％；乔纳金分别占 1.3％和 1.1％，其他苹果品种面积和产量分别占 13.1％和 8.4％。

3. 河北省

主要以富士系和国光为主，其中富士系品种产量占总产量的 62.29％；国光占总产量的 9.73％。

4. 甘肃省

富士系占 67％；元帅系占 24％；秦冠占 2％；澳洲青苹占 2％；其他品种占 5％。

5. 辽宁省

富士占总面积的 24.15％，国光占 32.35％，元帅占 13.75％，寒富占 8.9％，乔纳金占 3.6％，其他品种占 17.20％。

6. 山西省

红富士栽培面积占全省苹果栽培总面积的 51.4％，元帅系为 14.6％，金冠苹果面积约占

5.2%，嘎拉系占 4.4%，国光苹果占 3.5%，华冠占3.2%，秦冠占 1.7%，乔纳金占 2.0%，其他品种占 13.9%。

7. 河南省

富士的总栽培面积和产量分别为 63.5% 和65.0%，秦冠为 14.6% 和 15.3%，红星为 7.6% 和6.4%，华冠为 3.4% 和 2.4%，嘎拉为 1.9% 和2.0%，金冠为 1.4% 和 1.3%，美八为 1% 和 1.2%，其他为 6.6% 和 6.4%。

三、苹果产业发展现状

1. 面积平稳增长，产量有所下降，价格高位运行，果农收益大幅增加

2014 年全国苹果种植面积为 $231.20 \times 10^4 hm^2$，比 2013 年增长 2.62%。其中，环渤海湾优势区保持动态平衡，黄土高原优势区面积持续增长。受不利气象灾害影响，产量比 2013 年下降 13.16%，其中环渤海湾优势区减产 17.54%，黄土高原优势区减产11.78%。主产省一级果产地价格平均为 8.06 元/kg，比 2013 年上涨 70%，果农收益大幅增加。全国市场苹果零售价格为 10.91 元/kg，比 2013 年上涨59.73%。

2. 成本持续上升

2014 年苹果种植总生产成本为 5.98 万元/hm^2，比 2013 年上涨 11.18%，其中物质成本上升10.86%，人工成本上升 12.15%。其中，劳动要素

价格持续上涨是导致人工成本增加的主因，而物质成本增加的主要原因则是果农重视生产管理，加大化肥、农药等主要农资投入数量。化肥、农药等主要农资价格并未明显上涨，部分地区甚至小幅下降。

3. 加工量降后有升

根据全国各产区的调查结果，2014/2015 榨季全国加工果总消费量约为 $2.85 \times 10^9 kg$，比上个榨季减少近两成。2016/2017 年度全国加工果总量约为 $4 \times 10^9 kg$，较上个榨季增加 17.5%，浓缩苹果汁产量约为 $66 \times 10^7 kg$，比上榨季增加约 28.65%。

4. 鲜食苹果及浓缩苹果汁出口有所增加

2016 年 1~10 月，鲜食苹果出口数量达到 $150 \times 10^7 kg$，有小幅增加；浓缩苹果汁出口数量达到 $61 \times 10^7 kg$ 左右，较 2015 年增加 28.69%，但价格有所下降。

5. 低效果园改造效果显著，新建果园矮化栽培成为主流技术

低效果园改造后 $667 m^2$ 均纯收入增加 3825 元，$667 m^2$ 均产量提高 960.72kg，优果率平均提高 21.93%，改造效果显著。同时，新建果园矮化栽培成为主流技术，推广面积逐年增加，技术应用更加规范、成熟。

四、苹果产业发展中存在的问题

目前是中国苹果产业发展的最好时期，成绩显著，但与发达国家相比还是有很大差距，亟待重视。

1. 缺乏宏观规划，盲目发展造成波动和浪费，注重种植规模，忽视单产和质量

总结近 30 年苹果发展的经验教训，总体上苹果产业发展缺乏宏观规划和市场研究，盲目发展造成了历史上多次种植面积的大起大落，普遍表现为注重规模扩张和数量效益，忽视单位面积产量和质量效益，与发达国家相比，中国果业发展水平还有很大差距，平均单产低，产品单价低。虽然有基础的主产县平均 $667m^2$ 产量都在 $2×10^3kg$ 以上，但全国主要水果的平均单产都在 $1×10^3kg$ 以下，低产和无产园比重达 40%；鲜果产品损失率高达 20%，降低鲜果损失率是苹果产业发展中挖潜增效的一个重要任务。

2. 主栽品种依赖引进，缺乏自主知识产权的优良品种和砧木

目前苹果主栽品种大都依赖外来品种，自主知识产权的品种缺乏成为产业发展的重大障碍。国外苹果自 20 世纪 50 年代就基本实行了矮砧宽行密植，但由于这些无性系砧木不适应我国干旱瘠薄的土壤条件，中国长期以来一直采用乔砧密植，人工管理投入高，修剪技术要求高，相当部分果园因管理不当而郁闭、低产、果实着色差，果园收益低。随着生产资料和人工成本的不断上升，培育自主知识产权的新品种以及生态适应性强的矮化砧木并简化栽培技术体系已经迫在眉睫。

3. 苗木产业化、标准化程度低，规模小，制约产业化水平的提高

中国苹果经营主体是以家庭为单位的个体，95%

的果园规模在 0.33hm^2 以下，土地流转机制尚未形成，农民合作经济组织发展滞后，组织化程度低，从根本上制约了标准化生产技术的推广和实施，也增加了公共服务体系的服务难度；公共服务体系尚未健全，缺乏足够的市场信息，信息滞后、不对称或失真，缺乏方便快捷的咨询服务网络，对假冒伪劣生产资料缺乏辨识能力等，均困扰着第一线的农民。大部分果品营销企业和加工企业规模小、实力不足，带动农户的能力较弱，多以商品为纽带进行合作，真正的利益联结不够，贸工农一体化的道路还很漫长。

4. 老龄果园、郁闭果园问题严重，改造日趋迫切

由于采用乔砧密植栽培制度，多数苹果园树体生长旺、树势难控制、栽培技术复杂、结果晚，果农对

图 1-1　密闭老龄果园

乔砧密植栽培技术掌握和执行不到位，加之该模式自身的缺陷，造成大多数果园树体高大、枝量多、树冠密闭、内膛光照不良，生产条件逐步恶化，致使果实产量低、果实内在品质下降、优质高档果品比例低的问题十分突出（图1-1，彩图）。应该采用隔行间伐、缩冠提干、以小换大等技术进行郁闭园改造（图1-2，彩图）。

图 1-2　隔行间伐改造后的果园

5. 劳动力紧缺及要素成本上涨趋势明显，省力化适用技术发展缓慢

果农老龄化，劳动力结构性、季节性、区域性紧缺，以及要素成本持续上涨成为产业发展的瓶颈因素。我国苹果栽培处于由劳动密集型向技术密集

型方式转变阶段，但省力化适用技术发展缓慢，亟须加快省力化综合配套技术与机械装备的研发与推广。

6. 预警防控体系不健全，气象灾害影响较大

雹灾、冻灾、旱灾等气象灾害频繁发生，但果农很难及时获取到气象预警信息，灾害应对措施不到位、果园防灾基础设施差、农业保险等灾后补救措施缺位，气候变化及其诱发的气象灾害对苹果产业发展（布局、产量、质量等）的影响加大。

五、苹果产业发展趋势

1. 栽培模式集约化

加快发展苹果矮砧、集约化高效栽培模式，促进现代苹果栽培制度的建立。今后 5~10 年，中国苹果处于大规模更新换代的关键时期，要紧紧抓住这一良好的历史机遇期，实施老果园更新换代工程，新建果园推广苹果矮砧集约高效栽培技术模式，逐步实现由乔砧密植栽培向宽行矮砧集约高效栽培的转变，加快推动苹果栽培制度的变革和现代生产制度的建立，实现苹果的省工、省力、集约、高效和标准化生产。在平原或具有很好的水浇条件或能配备水肥一体化设施、适宜矮砧发展地区，要积极发展 M9T337 等"矮砧、宽行、高干、集约、高效"栽培模式（图 1-3、图 1-4，彩图）。

2. 果园建设生态化

通过人工种草（图 1-5，彩图）、自然生草（图

图 1-3 矮砧密植栽培模式果园

图 1-4 矮砧密植栽培模式果园结果状

图 1-5 人工种草的果园

图 1-6 自然生草的果园

1-6，彩图）以及生态防控等技术，建立一种以果树产业为主导，生态合理，经济高效，环境优美，能量流动和物质循环通畅的可持续发展的果园生产体系，是未来的发展趋势。

3. 苹果苗木繁育标准化

加强和完善标准化良种苗木繁育体系，以国家现代苹果产业技术体系为载体，建立国家苹果良种、良砧研发和标准化苗木繁育体系，以应对我国面临的苹果园大面积更新换代和现代矮砧集约高效栽培制度发展的需求。一是在国家级科研院所建立国家苹果良种、砧木无病毒原种圃；二是在苹果优势产区，依托地方科研院所，分区建立良种、良砧采穗圃和现代苹果标准苗木繁育示范圃（图 1-7，彩图）；三是扶持建立一批大型商业化苹果苗圃，实行定点生产、专营销售；四是加强苹果苗木生产与流通过程中的检验和检疫管理，有效控制病毒病和危险性、检疫性病虫害的传播和蔓延。

4. 果园管理省力化、机械化和水肥一体化

自动化省力栽培是今后苹果生产的主导方向。随着劳力紧张和工价的提高，果品成本相应提高。因此，要研究、探讨和采用省工省力、简化管理的技术体系。如树形采用小冠树形（细长纺锤形、松塔树形等），修剪采用疏、放、拉等手法，尽量用简化技术替代繁复的操作。加强实用型省力化技术研发，提升果园装备与信息化管理水平。整合科技资源，着力研发和推广实用型与适用型省力化技术与机械（图

图 1-7 标准化良种苗木繁育苗圃

1-8），如灌溉机械、施肥机械、喷药机械、割草机械的应用，可以在短时间内高质量完成作业，而且节省人工和成本，主产区果农应逐步推广和实现水肥一体化。研发省力化、无袋化栽培新品种。

5. 果品质量品牌化

目前的苹果发展格局是大宗果品优势产业带（最适生态带）产业化经营，名特优地方果品以产地（基地、点）精品（高档、绿色、有机）发展为主，实施点带发展方式，形成多样化、区域化、特色化。果品质量大幅度提升，品牌意识逐渐增强，许多品牌在国内已经获得比较大的知名度，如'烟台苹果'、'栖霞苹果'、'陕西苹果'、'洛川苹果'、'花牛苹果'等已

图 1-8　果园可调式操作平台

经形成地方特色品牌。

6. 营销模式多元化

网上直销、品牌专卖、超市及商场专柜等新型分销渠道不断涌现，苹果销售方式呈多元化，有利于适应多元化市场需求，发挥品牌效应，稳定苹果销售市场，降低苹果产业脆弱性，提高市场控制力。

第二章

苹果优良品种介绍

第一节

特早熟、早熟品种

（1）早捷　美国品种。树势强健，枝条较粗壮，有腋花芽结果习性，早实，丰产。6月中下旬成熟。果实圆形，果面全面浓红色，美观，单果重150g左右，果肉乳白色，肉质松脆，汁液多，酸甜，风味爽口，品质上等，是一个优良的红色早熟品种。

（2）嘎富（萌）　由日本用嘎拉×富士育成。果实圆形或圆锥形，平均单果重200g；果面光洁，全面浓红色；肉质脆，甘甜爽口，可溶性固形物含量在14%左右；无采前落果现象。7月中旬成熟。

（3）藤牧1号　原产美国，经日本引入我国。果实圆形或长圆形，平均单果重150g，最大果320g，果皮红色，充分成熟时全面鲜红色。果肉黄白色，质脆，香味浓，酸甜爽口，果汁较多，品质上。7月上中旬成熟。

（4）贝拉　美国新泽西州育成。果实较小，近扁圆形，平均单果重130g左右，底色淡绿黄色，果面大部分紫红色，可全面着色。果肉乳白色，肉质脆或稍疏松，汁中多，味甜酸，品质中上等，成熟期在6月中下旬。采前落果轻，丰产性好。果实不耐储藏。

（5）泰山早霞　山东农业大学从苹果实生苗中选出的早熟品种。果实宽圆锥形，果形指数0.93；平均单果重138.6g；果面光洁，底色淡黄，色调鲜红；

果肉白色，可溶性固形物含量在 12.8%，糖酸比 21.2，酸甜适口，有香气；果实发育期 70～75 天，在泰安地区 6 月 25 日前后成熟。

第二节

中熟、中晚熟品种

（1）嘎拉系　新西兰主栽品种之一，也是一个世界性广适性栽培品种。结果早，坐果率高，熟前有轻微落果。果实短圆锥形，果形端正，果顶有五棱，果梗细长，平均单果重 160～180g，果形指数 0.84，果面黄色，具红色条纹，果肉细脆多汁，风味酸甜。9 月上旬、中旬成熟。易产生芽变，皇家嘎拉、太平洋嘎拉、新嘎拉是嘎拉的芽变，果实全面鲜红色，富有光泽。我国选出烟嘎 3 号、泰山嘎拉等芽变品种。

① 烟嘎 3 号：烟台市果树站从嘎拉中选出的中早熟、着色系芽变品种。果实近圆至卵圆形，果形指数 0.85；平均单果重 219g；果面色相片红，大部或全部着鲜红色；果肉乳白色，风味浓郁，肉质细脆爽口，可溶性固形物含量在 12.2%，果肉硬度 $6.7kg/cm^2$。果实发育期 110～120 天，在烟台地区 8 月底至 9 月初成熟。可与富士、新红星等互为授粉树。

② 泰山嘎拉：山东省果树研究所从皇家嘎拉中选出的早中熟、芽变品种。该品种果实圆锥形，果形指数 0.84，平均单果重 212.8g；果面着色鲜红，底

色黄绿，全面着片红，果面光滑；果心小，果肉淡黄色，肉质细、硬脆，汁液多，甜酸适度，有香气。果实去皮硬度为 7.2kg/cm^2，可溶性固形物含量 15.0%，可溶性糖 13.8%，可滴定酸含量 0.39%。早果性和丰产性好，抗病性强。在泰安地区 8 月 10 日左右果实成熟。

（2）信浓红　日本培育的新品种，由津轻×百斯特·贝拉杂交育成。7 月中下旬成熟，果中大，单果重 250～300g，果实长圆形，完熟时果面着全面浓红色，洁净无锈，果形高桩、端正，外形美观；肉质细脆多汁，甜酸适口，香气浓郁，可溶性固形物含量 13.4%。常温下可储藏 15 天。基本无采前落果。

（3）秦阳　西北农林科技大学由皇家嘎拉实生苗中选出。果实扁圆或近圆形，平均单果重 198g，最大 245g，果形端正，无棱，果形指数 0.86。底色黄绿，条纹红，全面着鲜红色。果点中大，中多，白色，果粉薄，果面光洁无锈，蜡质厚，有光泽，外观艳丽。果肉黄白色，肉质细，松脆，汁中多，风味甜，有香气，品质佳。果肉硬度 8.32kg/cm^2，可溶性固形物含量 12.18%，可滴定酸含量 0.38%。7 月中下旬果实成熟。

（4）摩利斯　美国新泽西州农业试验场用金冠×（红花皮×克露丝）杂交选育而成。果实长圆锥形，形似红星，单果重 250～280g，果面光滑，底色乳黄，全面覆鲜红及不明显的细条纹。萼洼中深，有明显五棱突起。果肉松脆，多汁。味甜，香味浓，可溶性固形物 15.2%，硬度 7.6kg/cm²。7 月下旬至 8 月上旬果实成熟。

（5）红夏　日本育成，未希生命（津轻×千秋）品种实生育成。果实圆锥形，果皮底色为黄色，果面条状鲜红色，光亮，无锈，果实后部有明显棱状突起。果重 300～400g，可溶性固形物含量 14%～16%，可滴定酸含量 0.54%，果汁多，甜酸适口，果肉黄白色，肉质脆。8 月上旬采收。

（6）美国 8 号　原代号 NY543，美国品种。果实个大，平均单果重 240g，最大果 310g，比较整齐。果实 8 月上旬成熟，果面全红，光洁无锈斑。青果不酸，红果脆甜，肉质细脆多汁，香味浓。自然存放 30 天以上不变绵。早果丰产，抗病性强。

（7）红露　韩国品种，父母本为早艳×金矮生，为短枝型品种。8 月下旬成熟。果实长圆形，果个大，平均单果重 230～300g，最大 350g。果皮薄，全面着鲜红色，兼有红色条纹。果肉黄白色，脆甜爽口，风味独特，汁液丰富，可溶性固形物含量 14%，含酸量 0.31%，果心小，硬度大，极耐储运，常温下放置数月品质不变。自花结实，丰产性强，应做好疏花疏果工作。

（8）凉香　是日本在富士与红星混栽果园中发现而选育的一个中熟优良品种。果个大，平均单果重 280g，最大果 400g，果形为长圆形，高桩，果实全面着色，鲜艳美观，果面有光泽。果肉淡黄色，果心小，肉质细，汁多，酸甜适度，有蜜甜味，可溶性固形物含量 14%～15%，清香爽口。成熟期 8 月底至 9

月上旬。

（9）元帅系　元帅系品种是指由红元帅发展而来的无性系品种，多数是芽变而来，第二代是红星，第三代是短枝型芽变，称为新红星，目前已发展到第五代，有 70 多个成员。

①新红星：元帅系的第三代芽变，是从红星中选出的短枝型芽变品种。果实中大，单果重 150～180g，呈长圆锥形，果面光滑，全面浓红，五棱突起甚为明显。果肉淡黄色、致密、松脆、汁液较多，品质上，市场上又称'蛇果'。9 月下旬成熟，较耐储藏。

②首红：是元帅系第四代短枝型芽变品种。树体较小，树姿直立，树冠紧凑，栽后 2 年即可见花，短枝多，长枝少，成花易，结果早，丰产。果实中大，单果重 200g 左右，高桩，五棱突起明显。果面全红而鲜艳，果肉淡黄色，香味浓，是元帅系的优秀品种。成熟期比元帅早 10 天左右。耐储性明显优于元帅。与首红同期问世的优良短枝型芽变尚有超红、艳红、魁红，连同首红同期引入我国，人们俗称'四红'。元帅系的第四代芽变短枝品种还有银红、红鲁比短枝等。

③瓦里短枝：是元帅系的第五代芽变品种，从首红中选出。果实着色极早，8 月中旬即可上满色，盛花后 120 天即可上市。五棱突起明显，果实全面浓红色，平均单果重 215g，大者 350g，耐储性优于新红星。有腋花芽结果习性。

④华矮红：也是元帅系的第五代芽变品种。树

冠开张，枝条角度大，半短枝型，弥补了直立短枝不易管理的缺点。单果重 220g，大者重 350g，果实色泽浓红，果肉洁白。由于着色早，着色艳，极适于着色不良的地区栽培。元帅第五代芽变品种尚有纽红矮生、俄矮 2 号、阿斯等优系。

（10）金冠系　金冠又名金帅、黄元帅、黄香蕉等。是传统的与红元帅相搭配的中熟品种。易形成花芽，易丰产。果实圆锥形或卵圆形，整齐均匀，单果重 180g 左右。果皮薄，金黄色，易生果锈。果肉黄色，肉细，甜而多汁，富有芳香气，品质上。9 月下旬成熟。从金冠中选出的短枝型品种金矮生、好矮生等常用作新红星的授粉品种而搭配栽植。此外，还从金冠中选出了无锈金冠 Reinders 以及 Smoothee 等。

（11）津轻系

① 津轻是从金冠的实生后代中选育的品种。果实长圆形至圆形，单果重 170g 左右，底色黄绿，全面被红色霞条，有光泽；果肉黄白，多汁，有芳香气，酸甜适口；9 月初成熟，不耐储藏。

② 红津轻是津轻的浓红型芽变品种。坐果率高，早期丰产，但有采前落果现象。

③ 初津轻是瓦吉津轻枝变品种，被称为早熟津轻。单果重 350～450g，果面浓红，外观美，果肉同津轻，甘甜、多汁。储藏性同津轻。不摘叶片和铺反光膜即能全面着色。比津轻提前 10 天采收。

④ 红奥也是津轻芽变品种。单果重 350～450g，果面条状鲜红色。风味似津轻，有浓郁的芳香味。采前不落果，在日本 10 月上旬成熟，为晚熟不落果的

津轻。

（12）乔纳金　美国三倍体品种。树势中庸，萌芽、成枝力均较强，进入结果期早，以中、短枝结果为主，有腋花芽结果习性，丰产稳产。果实圆形或短圆锥形，个大，单果重 300g 左右，果面鲜红，果肉淡黄，肉质细脆，果汁多，甜酸适口。9 月中旬、下旬成熟。新乔纳金和红乔纳金是乔纳金的着色系枝变品种，主要是果实着色面大而更艳丽，其他性状与乔纳金相同。

（13）弘前富士　日本青森县从富士苗木中选出的极早熟富士。单果重 350～450g，果面呈条状浓红，不需要套袋。糖度 15 度，多汁，肉质同富士。9月上中旬采收。

（14）红将军　又叫红王将，为早生富士的着色系芽变品种，近圆形，平均单果重 307g，果实色泽鲜艳，全面浓红色，无明显条纹，其他性状与早生富士无异。最近又从红将军中选出了富士王，单果重 400～600g，比红将军提早 10 天成熟。新红将军：平均单果重 260～350g，果实色泽艳丽，条红，全面鲜红或被鲜红色彩霞；可溶性固形物含量 15.9%，汁液丰富，香味浓郁，酸甜可口，品质上等。9 月上中旬成熟，比普通红富士早熟 40 天以上。

（15）中秋王　红富士和新红星杂交育成的优秀中熟苹果新品种。果实极大且果个均匀，平均单果重 420g，最大 600g；果型高桩，树冠内外膛果实均 100%全红且着色鲜艳；肉质硬脆、甜香爽口。中秋王为短枝型且树势壮，3 年结果，5 年丰产，9 月中旬成熟。

（16）珊夏　珊夏是 1969 年新西兰国立科学产业研究所用嘎拉和茜杂交的种子，经日本农林水产省果树实验场盛冈支场播种，于 1976 年培育出来的苹果品种。果实大小 200～250g，果形呈圆锥形，果色为黄绿色、鲜红色，并有条纹。糖度为 13.1%，酸度为 0.53%。在盛冈的采收期为 9 月上中旬，在长野的采收期为 8 月下旬。室温下可储藏 1 个月左右，冷藏可储到 12 月份。

（17）华硕　由中国农业科学院郑州果树研究所以大果型的早熟品种‘美八’为母本，中晚熟品种‘华冠’为父本杂交培育而成的大果型、红色、早中熟苹果品种。果实近圆形，稍高桩；果实较大，平均单果重 232.0g。果实底色绿黄，果面着鲜红色，果面平滑，蜡质多，有光泽；果肉黄白色；肉质中细、松脆。采收时果实去皮硬度 10.1kg/cm²，汁液多，可溶性固形物含量 13.1%，可滴定酸含量 0.34%，风味酸甜适口，气味芳香，品质上等。果实发育期110 天左右，成熟期介于美八与嘎拉之间。

（18）双阳红　青岛农业大学以‘特拉蒙’（Telamon）×（‘嘎拉’+‘Falstaff’+‘新世界’）杂交选育的早中熟苹果新品种。果实近圆形，果形指数 0.86，平均单果重 153.2g；果实外观光洁，果形端庄，果面红色；果肉黄白色，果肉脆，酸甜爽口，可溶性固形物含量 15.1%，果实硬度 7.97kg/cm²，香气浓郁，品质上；在青岛地区 9 月上旬成熟。不需套袋栽培。

（19）赛金 青岛农业大学以'富士'（Fuji）×'特拉蒙'杂交选育的中熟苹果新品种。果实近圆形，果形指数 0.85，单果重 196.8g；果面光洁、黄绿色，无果锈；果肉黄白色，汁多硬脆，果实可溶性固形物含量 13.7%，果实硬度 9.3kg/cm^2，可滴定酸含量 0.35%；风味酸甜，品质上。果实出汁率高，储藏稳定性好，褐变轻；适合鲜食及果汁加工兼用。果实发育期 135 天左右，在青岛地区 9 月中旬成熟；树势强，幼树生长旺盛，以短果枝结果为主，果实及树体在田间表现出较好的抗病性，尤其抗炭疽性叶枯病。

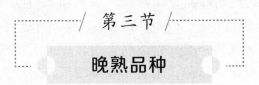

第三节

晚熟品种

（1）富士系 日本用国光×元帅杂交而成。萌芽率高，成枝力强。3 年生开始结果，坐果率高。单果重 200～250g，汁多，酸甜可口，品质极佳。10 月下旬成熟，极耐储藏。抗寒性稍差。红富士是富士着色系芽变的俗称，按着色状况分为两个品系，片红为着色 1 系，条红为着色 2 系。目前红富士家族已有 60 多个成员，引入我国的主要有长富 1、长富 2、秋富 1、岩富 10、青富 13、盛放 1 号、盛放 2 号、盛放 3 号、短枝富士等十几个品系。我国选育的红富士优系还有烟富 3、烟富 6、礼泉短枝等。

① 长富 1：片红，果实个大，扁圆形，平均单果

重 300g，最大 600g，果面浓红，肉脆多汁，味甘甜，食之爽口。

② 长富 2：单果重 300～350g，果实长圆形，高桩，果肉黄白色，多汁，甜度高，口味好，浓条红色。树姿开张，易丰产。

③ 2001：又叫 21 世纪。鲜艳条红，着色好，果个大，平均单果重 300～400g，果实长圆形。10 月下旬成熟，丰产。

④ 烟富 3：从长富 2 号中选出。果实个大，单果重 250～300g，果实圆形，端正，着色容易，浓红艳丽，着色系属片红，全红比例达 78％～80％，果肉淡黄色，致密脆甜，风味佳。成熟期 10 月中旬。

⑤ 岩富 10：又称岩手Ⅰ系，是日本岩手县园艺试验场从该县紫波郡紫波村吉田重雄果园中选出的富士着色系芽变品种。果实圆或近圆形，果个大，单果重 280g 左右，大小整齐，果形指数 0.97。果实底色黄绿，全面着色，色浓较暗，有时呈淡紫红色，片红。可溶性固形物含量 16.2％。10 月下旬成熟。

⑥ 秋富 1：又称山谷Ⅱ系，是日本秋田县果树试验场从该县平鹿村醍醐山谷喜太郎果园苗木中选出的富士着色系芽变品种。果实扁圆形或近圆形，果个大，大小整齐，果形指数 0.80。果实底色黄绿，片红型，充分成熟可全面着色，覆暗红条纹。

⑦ 烟富 6：烟台市果树站从'惠民短枝富士'中选出的着色良好的短枝型富士品种。1998 年通过山东省农作物品种审定。果实扁圆至近圆形，果形指数 0.86～0.90；单果重 253～271g；果面光洁，易着

色，色浓红；果肉淡黄色，致密硬脆，汁多，味甜，可溶性固形物含量15.2%，果肉硬度9.8kg/cm²；成熟期10月中旬。果实极耐储藏。

⑧寒富：沈阳农业大学育成，亲本为东光×富士。1978年杂交。果实短圆锥形，平均单果重230g，最大果重510g。底色黄绿，颜色鲜红、片红，全面着色。果肉淡黄色；肉质松脆，初采时去皮硬度9.9kg/cm²，汁液多；酸甜，味浓，有香气，品质上等。含可溶性固形物15.2%，可滴定酸0.34%。耐储藏性能极强，采前不落果，丰产性能强，无大小年结果现象。在沈阳地区10月初果实成熟，果实发育日数135～140天。

(2)国光系　抗寒性较强的一个晚熟主栽品种，在长城沿线以南地区已逐渐被富士替代。幼树生长旺盛，萌芽率低，成枝力低，基部易出现光腿。结果晚，寿命长。坐果率高，丰产。果扁圆形，平均单果重130g。肉细脆、多汁，酸甜适度。果实极耐储藏。10月上旬、中旬成熟。已经从国光中选出了浓红色的国光，如新国光、红国光等，还选出了短枝型国光。

(3)斗南　日本从麻黑7号实生苗中选出。果实圆锥形，果重360～500g，果实全面鲜红色，不需要套袋，果形正，果肉黄白色，在晚熟品种中风味极佳，甜中略带酸味，有香气。可储藏到翌年4月，10月中旬采收。

(4)新世界　日本品种。平均单果重200g左右。果实长圆形，端正整齐。果实底色黄绿，果面光洁无锈，被浓红色条纹，色泽鲜艳。果肉黄白色，肉质致密，脆而硬，果汁中多，风味酸甜，有香味。可溶性固形物含量13%～15%，含酸量0.3%左右，品质上等。10月上旬、中旬成熟。基本上无生理落果和采前落果现象。

（5）王林 原产日本福岛县，是用在金冠与印度青混栽的果园内所结的金冠果实中的种子播种而获得。果实长圆形，果形端正。果个大，平均单果重200g左右。果实黄绿色，果皮厚韧，果面光滑、无锈，有光泽。果肉乳白色，肉质细，松脆汁多。风味甜或酸甜，有香气。可溶性固形物含量14.1%，硬度 $8.3kg/cm^2$。品质上等。10月中旬成熟，耐储藏，不皱皮，可储至翌年3～4月。

（6）岳阳红 辽宁省果树科学研究所以富士为母本，东光为父本杂交育成。果实近圆形，果形指数0.85，果形端正。单果重205g，大果重245g，果个较整齐。果皮底色黄绿，近成熟时全面着鲜红色，色泽艳丽。果面光洁，果肉淡黄色，肉质松脆、中粗，汁液多，风味甜酸、爽口、微香、无异味。成熟时去皮硬度 $10.1kg/cm^2$，可溶性固形物含量15.2%，总糖含量12.52%，可滴定酸含量0.50%，维生素C含量5.35mg/100g。较耐储藏，恒温库可储至翌年5月。果实发育期145天。

（7）望山红 辽宁省果树科学研究所从长富2号选育的芽变品种。果实近圆形，平均单果重260g。果形指数0.87。果面底色黄绿，着鲜红色条纹，光滑无锈。果肉淡黄色，肉质中粗、松脆，风味酸甜、爽口，果汁多，微香，品质上等。果实去皮硬度 9.2kg/cm²，可溶性固形物含量 15.3%，可滴定酸含量 0.38%，维生素 C 含量 8.35mg/100g，总糖含量 12.1%，果实 10 月上中旬成熟。

（8）粉红女士　澳大利亚以威廉女士与金冠杂交培育而成的晚熟苹果新品种。果实近圆柱形，平均单果质量 200g，最大 306g。果形端正，高桩，果形指数为 0.94。果实底色绿黄，着全面粉红色或鲜红色，色泽艳丽，果面洁净。果肉乳白色，脆硬，果实硬度 9.16kg/cm²，汁中多，有香气，可溶性固形物含量 16.65%，总糖 12.34%，可滴定酸含量 0.65%，维生素 C 含量 84.6μg/g。耐储，室温可储藏至翌年 4～5 月份。10 月下旬至 11 月上旬果实成熟，果实生育期 200 天左右。

（9）福艳　青岛农业大学以特拉蒙×富士杂交选育的生食晚熟品种。果实近圆形，单果重 249g；果面光洁，果实底色黄绿，果面大部着鲜红色；果肉黄白色，肉质细而松脆，果实硬度 7.0kg/cm²，可溶性固形物含量 14.3%，含糖量 12.60%，可滴定酸含量 0.21%。汁液多，味甜，风味浓，香气浓郁，品质极上；在烟台地区果实 10 月上旬成熟；较抗轮纹病，果实在冷藏条件下可储 2 个月。

（10）福丽　青岛农业大学以特拉蒙×富士杂交选育的苹果新品种。果实近圆形，平均单果重 239.8g；果面光洁、未套袋果实全面着浓红色；果实硬度 9.5kg/cm²；汁液中多，风味甘甜，香气浓郁，可溶性固形物含量 16.7%（对照‘富士’

15.2%)，可滴定酸含量 0.28%（'富士'0.29%），品质佳，果实极耐储藏，无需套袋栽培。10月中旬成熟，较耐储藏。

（11）世界一　日本品种，由青森县苹果试验场育成，亲本为元帅×金冠。1930年杂交，1974年发表。该品种为一特大果型品种，平均单果重500g左右，最大果900g。果实圆锥形或短圆形。底色黄绿，着深红色，具红星相似的断续条纹。果肉黄白色，肉质较松、汁多，酸甜适口，有香气，风味良。可溶性固形物含量15.0%。品质中等。10月上旬成熟，耐藏性较差，可储藏2个月。

（12）瑞阳　西北农林科技大学选育，亲本为秦冠×富士，晚熟苹果新品种。平均单果质量282.3g，果形指数0.84。全面着鲜红色，果面平滑，有光泽，果点小，中多，果粉薄。果肉乳白色，肉质细脆，汁液多，风味甜，具香气。果肉硬度7.21kg/cm²，可溶性固形物含量16.5%，可滴定酸含量0.33%。果实耐储藏，常温下可存放5个月，冷库可储藏10个月。

（13）瑞雪　西北农林科技大学选育。亲本为秦富1号×粉红女士。平均单果重220g，果形指数0.90，果实圆柱形，果皮黄色，果面光洁，果点小，有蜡质；果肉黄白色，硬脆，肉质细脆，酸甜适口，汁液多，风味浓，可溶性固形物含量16.0%，可滴定酸含量0.30%，硬度8.84kg/cm²。成熟期10月中旬。

加工品种

（1）**澳洲青苹**　又称史密斯，原产澳大利亚。由悉尼 Granny Smith 发现的偶然实生树。为世界知名的绿色品种。果实圆锥形或短圆锥形，果个较大，平均单果重 200g，大小较整齐。果面青绿色，散布白色较大果点，晕圈灰白色。个别果实阳面有少量红晕，果皮稍厚、光。果肉白色，肉质中粗、致密、硬脆，汁多，味酸。果实去皮硬度 8.8kg/cm^2，可溶性固形物含量 12.8%，生食品质中等。10 月下旬成熟，果实极耐储藏，一般条件下可存放到翌年 3～4 月份。在国际市场较畅销。

（2）**舞乐**　又名塔斯坎（Tuscan），是英国东茂林果树试验站于 1976 年以威赛克旭（Mclntosh Wijeik）×绿袖（Green sleeves）杂交选育出的柱形苹果品种。果实扁圆形，果形不甚端正，果形指数 0.8；果个较大，平均单果重 219g 左右；果实底色绿，有轻微果锈，阳面有红色晕；果肉乳白色，肉质脆，果肉很易绵化，汁多、味酸甜，有香气，可溶性固形物含量 11.0%，果实硬度 8.43kg/cm^2；除生食外可作为加工制汁品种；9 月中旬成熟，耐藏性差。

（3）**舞佳**　又名特珍（Trajan），是英国东茂林果树试验站于 1976 年以威赛克旭（Mclntosh Wijcik）×金冠（Golden Delicious）杂交选育出的柱形苹果品种，

1986年发表。果实卵圆形至圆锥形，果形略扁，果形指数0.83；果个中大，平均单果重188g左右；果面底色绿黄，着红晕，红绿相间，着色不均匀，果面较平滑；果肉白色，肉质较细、脆、汁多，酸甜，风味浓，略有香气，可溶性固形物14.2%；果实硬度11.5kg/cm²，品质中上；除生食外可作为加工制汁品种；9月下旬成熟，耐藏性较差。

（4）舞姿　又名特拉蒙，是英国东茂林果树试验站于1976年以威赛克旭×金冠杂交选育出的柱形苹果品种，1986年发表。果实扁圆形，果形指数为0.81，果个较大，平均单果重255g；果实底色绿黄，全面着深红色；果肉乳黄色，肉质细嫩、硬而脆，汁多、酸甜，略有香气，风味浓，可溶性固形物含量11.4%，果实硬度9.98kg/cm²，品质中上；10月初成熟，较耐储藏，在一般条件下可储藏至翌年2月份。

（5）瑞丹　法国制汁专用苹果品种。单果重160g，果面黄绿带条红，果汁含量丰富，出汁率高达75%，可溶性固形物含量12.0%，原汁酸度0.36%，制汁品质佳；耐储运、早实、丰产性强，枝干不抗轮纹病，果实成熟期为9月上旬。

（6）瑞林　法国制汁专用苹果品种。单果重120g，果面绿色带条红，出汁率72%，可溶性固形物含量9.8%，原汁酸度0.30%，制汁优良，亦可鲜食。早实、丰产，9月上旬成熟。

（7）鲁加1号　青岛农业大学育成高酸制汁苹果新品种。亲本为特拉蒙×新红星，树型为柱形。果实近圆形，单果重 185.5g，果面着深红色，汁液中多。果实可溶性固形物含量 11.48%，可溶性糖含量 8.12%，原汁酸度 0.79%，浓缩汁（70°Brix）酸度 4.90%。果实原汁和浓缩汁澄清、稳定性好、不褐变。果实成熟期为 8 月下旬。

（8）鲁加 4 号　青岛农业大学育成高酸制汁苹果新品种。亲本为特拉蒙×新红星，树型为柱形。果实扁圆形，平均单果重 190.5g。果形指数 0.74。果实深红色，果肉绿白，肉质疏松稍粗，风味特酸，果实原汁酸度 0.71%，浓缩汁酸度 5.10%。果实硬度 9.65kg/cm^2，可溶性固形物含量 12.01%，总糖 9.14%，果实原汁和浓缩汁澄清、稳定性好、不褐变。果实成熟期为 8 月下旬。

（9）鲁加 5 号　青岛农业大学育成高酸制汁苹果新品种。亲本为特拉蒙×富士。树体为柱形。果实近圆柱形，单果重 217.6g，果面绿色，着红晕。果实汁液多，原汁酸度 0.81%，浓缩汁酸度 4.50%（富士为 1.82%，国光为 2.48%）。果实原汁和浓缩汁澄清、稳定性好、不褐变。9 月下旬成熟。

（10）鲁加 6 号　青岛农业大学育成高酸制汁苹果新品种。亲本为特拉蒙×富士。树体为柱形。果实圆锥形，单果重 185.0g，果面鲜红色。果实汁液多，原汁酸度 0.64%，浓缩汁酸度 4.51%（富士为 1.82%，国光为 2.48%）。果实原汁和浓缩汁澄清、稳定性好、不褐变。10 月中旬成熟。

（11）皮诺娃　德国培尔尼特苹果育种项目组以克利维亚（欧德伯格×桔萍）与金帅杂交育成。果实圆形，果形指数为 0.82；平均单果重 220g；果实表面光洁，底色黄绿，着鲜红色条纹；果肉黄白色，甜酸适口，肉质脆，汁液多，香味浓郁，可溶性固形物含量 13%，果实硬度 9.12kg/m²，维生素 C 含量为 3.61mg/100g，可滴定酸含量为 0.56%；储藏性好于红将军、新红星；是榨汁和鲜食兼用优良品种；不易隔年结果，极抗黑星病、轮纹和炭疽病。成熟期为 9 月下旬。

第三章

苹果栽培基础知识

第一节

苹果生长发育习性

苹果是一种对土壤适应性较强的高产果树，一般山岗薄地、河滩沙荒和轻度盐碱地，经过适当改良后，都可进行成片栽培，其生长结果习性决定了其对环境条件的具体要求。

1. 根系生长特性

苹果根系无自然休眠期，成年树一年内有 2～3 次生长高峰，依光合产物分配、地上部器官形成速率及土温、水分等外界环境而转移。根系第一次生长在萌芽前开始，至开花和新梢旺盛生长时转入低潮；新梢近停长时，根系生长出现第二次高峰，数量多但生长时间短；第三次生长高峰在秋梢停长和果实采收前后，由于淮北地区秋季较长，故根系这次生长的持续时间较长，生长量也大，是树体积累储藏营养的良好时机。此外，上、下层根系受土温的影响而有交替生长的现象。

2. 枝条生长特性

苹果的枝条分生长枝和结果枝两类。生长枝依其长度又有长枝、中枝、短枝和叶丛枝几种。不同类型的枝条，其停止生长的早晚和积储养分的能力不同。叶丛枝和短枝一般在萌芽展叶后 3～4 周即停止生长，养分积累早，且很少外运。中、长枝停止生长较晚，有时不能形成顶芽。它们的同化养分制造较多，外运量也大，是树体（包括根系）储藏营养的主要来源。所以，同一株树上要有不同数量和比例的长、中、短枝相配合。苹果新梢常表现有明显的二次生长特性，长枝可分为春梢和秋梢两部分。与北方苹果产区相比，新梢生长量大和秋梢比例大，是淮北地区苹果枝条生长方面的两个特点。幼树容易表现旺长。

3. 结果习性

不同的苹果品种，其萌芽率、成枝力和顶端优势性均存有差异，从而影响到整个树冠的干性、层性和树形方面的差异，也影响到始果期的早晚。

结果枝依其长度和花芽着生的位置，可分成长果枝（15cm）、中果枝（5～15cm）、短果枝（5cm）及腋花芽枝四类。花芽为混合芽，开放后能抽生结果新梢，并在其顶端开花结果。因结果新梢极短，且着果后膨大形成果台，故其结果枝实际上为结果母枝。多数苹果品种以短果枝结果为主，有些品种在幼树期和初果期长、中果枝和腋花芽枝均占有一定的比例，是幼树能早期结果的一种表现。随树龄增长，各类结果枝的比例会产生变化，逐步过渡到以短果枝结果为主。

新梢结果后，一般其上发生 1～2 个果台副梢（即果台枝），或长或短，与品种特性相联系。果台枝连续形成花芽的能力因品种和营养而异，国光可连续 5 年，金冠 3 年左右，红星多数隔年形成花芽结果。

4. 开花习性

苹果通常是异花授粉结实的树种，生产上需要配置授粉品种，才能达到正常结实率的要求。但有的品种，如国光、安娜、麦艳，具有一定程度的自花授粉结实率。花期一般6～8天。高温、干燥时花期缩短，空气冷凉潮湿时花期延长。有的品种花期较长，花分批开放，首批花质量好，着果率高，花量多时可及早疏去晚期花；如花量不足，或首批花遭受霜冻时，可充分利用晚期花。

5. 生理落果

果实发育过程中，有一次落花、两次落果的过程。落花是本授粉受精花的脱落，子房未膨大。第一次落果在花后1～2周发生，是由于受精不完全所引起，幼果已有一定大小。第二次落果在第一次落果后2～4周发生，又称"六月落果"，主要由于各器官间对养分的竞争所引起，与树势强弱的关系较大。此外，有的品种在果实成熟前还有一次采前落果。六月落果是果树系统发育过程中形成的一种自疏现象。正常的、一定数量的落果是自然的，但如因气候不良或栽培技术不当造成严重落果，则会影响产量。据计算，在花量较多的情况下，只需5%～15%花结果，即可保证丰产。不同苹果品种每花序的自然着果数常有差异，金冠、国光常较多，可达4～5个，元帅、红星常仅1个，红玉也仅1～2个。

第二节

苹果对环境条件的要求

1. 温度

苹果原产于夏季空气干燥、冬季气温冷凉的地区。对苹果生长发育起主导作用的气候条件是气温。苹果性喜冷凉干燥、日照充足的气候条件。一般认为，4～10月生长期的平均气温在12～18℃最适于苹果的生长。夏季温度过高，平均气温26℃时，花芽分化不良，果实发育快，不耐储藏。红色品种成熟前适宜的着色温度为10～20℃，如昼夜温差小，夜温高，则上色困难。对照淮北地区气候条件，尤其是中熟红色品种在温度方面离最适要求有一定的差距，往南至长江流域，则这种差距加大。山东、河北、山西、陕西气温适于苹果栽培，冬季低温一般不致造成苹果树体的冻害，但在苹果秋季旺长的果园，冬季有抽条、冻花现象；树体衰弱时，冬季严寒可致次年腐烂病加重。冬季花芽易发生冻害的果园，修剪宜延迟到春季。河南、山东及河北省的南部地区，年平均气温较高，生长期较长，枝条生长量大，有旺长而不能适时成花结果现象。栽植时，株行距宜大，修剪上要适度控制旺长。

2. 光照

苹果为喜光性树种。光照充足，有利于正常生长和结果，有利于提高果实的品质。不同品种对光照的要求有所差异。华北各地的日照时数可以满足苹果生长发育的需要，密植园因枝叶量过多，果树相互遮阴，也有光照不足的问题。整形修剪的作用之一，就是使树冠各个部位获得良好的光照条件。尤其要改善密植园、郁闭园、阴坡园和树冠内膛的光照条件，保证其光照充足。所以有调查研究认为，树冠中下部的光照强度以不低于自然光照强度的20%～30%为宜。

3. 降水

世界苹果主产区的年降水量在500～800mm。花芽分化和果实成熟期，要求空气比较干燥，日照充足，则果面光洁、色泽浓艳，花芽饱满。如雨量过多，日照不足，则易造成枝叶徒长，花芽分化不良，产量低而不稳，病虫害严重，果实质量差。在华北条件下，雨量的月份分布不均衡，常有春旱、秋旱，所以必须考虑灌溉。丰产园，都是有灌水条件的果园。各地积累的经验是，花前、新梢速长期、秋季果实速长期和采后恢复期灌水和夏季排水是丰产的关键。

4. 土壤

苹果适于土层深厚、排水良好和富含有机质的沙质壤土。土壤酸碱度（pH值）以微酸性到中性为宜。土壤通气不良时，根系生长受阻。pH值大于7时，易发生缺素失绿现象。山地土层厚度低于60cm，河滩地有粗大砾石层，重盐碱地，除氮、磷、钾大量元素及供水条件差以外，还易出现微量元素铁、硼、锌缺乏症，使果树发育不良。在这种土壤条件下，不能只靠整形修剪来改变苹果树的生长发育状况。要适地种植并深翻、压土、压沙、增施有机肥，改良土壤，才能使苹果树良好地生长发育，并发挥整形修剪的作用。

5. 风

风对苹果树有利也有弊。2～3级微风，有利于果园空气流通，增强光合作用，减轻病害发生；有利于有益昆虫活动，提高授粉效果。但大风能吹落果实，使树冠偏斜、不开张。修剪时留芽、开张枝条角度，要注意风向。

第三节

苹果园土肥水管理技术

搞好土、肥、水综合管理，提高树体自身的抵抗力和自我调节能力，是确保苹果优质、丰产、稳产的关键措施。苹果栽培适宜的土质为沙壤土或轻壤土活土层，深度应达到 60cm 以上。地下水位深度不小于1m，土壤 pH 值 5.5～6.5 为宜，土壤有机质含量至少要达 1.2％以上。

一、土壤管理

土壤深翻在春、夏、秋季都可以进行，果园土壤深翻的土层要求在 60～80cm。同时，如果同期情况良好，土壤深翻的空隙度和含氧量则要达到 5% 以上，果树根系部分的土壤有机质含量要达到 1% 左右。在具体的深翻过程中，采用隔行翻土，即在行间开沟深翻，隔一行深翻一行，且每次只伤一面的侧根。土壤深翻也要根据土壤的质地来进行分类管理。如果果园为瘠薄山地的丘陵土壤，就需要扩穴深翻。如果果园为沙地土壤，则需要抽沙换土。如果果园为黏土，则需要客土、压沙，以保证苹果树根系的营养吸收。除此之外，土壤深翻要充分结合有机肥和秸秆等土杂肥同时进行，以保证土壤的肥沃和根系的充分吸收。

二、果园生草、覆草

果园生草、覆草或合理利用果园原有杂草，可以建立良性循环的生态体系，保持水土、培肥地力，改善果树生态条件，提高果品产量和质量。果园生草对草的种类有一定要求，其主要标准是要求矮秆或匍匐生，适应性强，耐阴耐践踏，耗水量较少，与果树无共同的病虫害，能引诱天敌，生育期比较短。目前，草种以黑麦草、鼠茅草（图 3-1、图 3-2，彩图）、白三叶草、紫花苜蓿、田菁等豆科牧草为好，其中以白三叶草、鼠茅草较优，为果园生草主导草种。白三叶草最佳播种时间为春、秋两季。

三、肥料管理

人工施肥是主要的施肥方式，包括有机肥、多数无机肥（化肥）及生物菌肥等。施肥方式有：环状

图 3-1 覆盖鼠茅草的春季果园

图 3-2 覆盖鼠茅草的夏季果园

（轮状）施肥、放射沟（辐射状）施肥、全园铺撒施肥、条沟施肥以及根外施肥等。一年追肥三次，时间分别在萌芽前后，谢花后和果实膨大期，氮、磷、钾元素配合使用。比例为 1∶0.6∶1.5。

1. 增施有机肥料

特别是绿肥及其他富含磷、钾的有机肥，不仅能提高果树产量，而且能增进果实着色，提高果实风味和储藏性能。

2. 合理施用氮肥

适当增放氮肥，对果树生长、结果有明显促进作用。但氮肥施用不当对果实品质也有多方面的不良影响。因此，优质果品必须要做到合理施用氮肥。一般果树施氮量要控制到树体氮素营养水平略低于或稍微限制产量时为宜，假若达到最高产量水平，果实着色和品质就会较差。花期前后最好不施用铵态氮肥，以免引起果实吸钙不足，降低品质。

3. 增施磷、钾肥

大量试验表明，适当增施磷、钾肥可以增加果实颜色，提高果实含糖量，增进果实品质，还有增大果实的作用。单独施用钾肥有降低果实硬度和储藏力的趋势，磷、钾同时施用没有发现不良现象。因此各地应根据土壤有效磷、钾肥与氮肥的比例一般宜达到 1∶1∶1。每年结合施基肥和追肥灌水 2～3 次，并结合喷药进行根外追施。

4. 针对缺素症补充营养

果树某种营养元素不足，造成营养失调，会产生缺素症，影响果树的生长、结果及果实品质。如缺硼症形成的缩果病，缺钙引起的苦痘病、水心病等储藏病害，缺锌造成的小叶病，缺铁造成的黄叶病都会直接或间接地降低果实品质，应针对具体情况预防和及时治疗。

大多数缺素症的防治途径首先是增加土壤有机质，多施绿肥和农家肥；注意作物的轮作倒茬；保持适当的土壤水分；调整土壤酸碱度使之接近中性；直接在土壤和叶面追施缺乏元素等。

四、水分管理

适宜的水分供应是提高果品品质的基本条件，水分不足时，不但果实小，而且果肉变粗发硬，品质显著下降。水分过多，糖分降低，酸量增高。而当旱涝不均时，常会造成裂果、日灼、水心病等生理病害，因此要合理灌溉。应当禁止漫灌和长畦通灌，推行以下节水的地面灌溉方式。

1. 滴灌

滴灌是滴水灌溉的简称，在水源处把水过滤、加压，经过管道系统把水输至每株果树树冠下，由几个滴头将水一滴一滴、均匀而又缓慢地滴入土中（图3-3、图3-4，彩图）。水源启开后所有滴头同时等量地滴水灌溉。这种供水方式，使果树根系周围土壤湿润，而果树株行间保持相对干燥。滴灌有许多优点：省水，是喷灌量的 1/2，是地面漫灌量的 1/3 甚至更少；不需要整地；果树生长结果好，产量高，品质

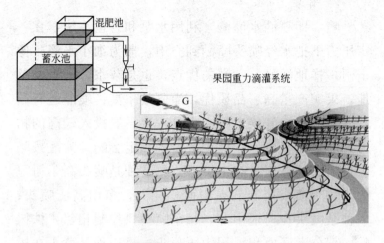

果园重力滴灌系统

图 3-3 果园重力滴灌系统

图 3-4 果园滴灌

优；管理省工，效率高。滴灌需要较高的物力投入，对水质要求也严，这是目前大面积推广滴灌的限制因素。

2. 喷灌

喷灌即喷洒水灌溉，利用水泵和管道系统，在一定压力下把水经喷头喷洒到空中，散为细小水滴，像下雨一样地灌溉。喷灌的优点，也是节水，不需要整地，果实产量高、品质优，灌溉效率高；喷灌还有利于改善果园小气候。喷灌也是一次需要投入较高的物力，而且在多风地区灌溉效率受一定影响。喷灌按竖管上喷头的高度分有三种形式：一种是喷头高于树冠的，每个喷头控制的灌溉面积较大，多用高压喷头；一种是喷头在树冠中部，每个喷头只控制相邻 4 株树的一部分灌溉面积，用中压喷头；另一种是喷头在树冠下，一株树要多个小喷头，每个喷头控制的灌溉面积很小，这种低喷灌又称微喷，只用低压喷头。微喷一般不受风力的影响，比中、高喷灌更省水。

3. 灌溉时期和最低量

苹果园灌溉的最佳时期和果园灌溉的最低量是果园灌水中优先考虑的因素。我国苹果主要产区在北方半干旱地区，年降雨量在 550～750mm，年内季节分布不合理，主要是秋末至夏初漫长的 8～9 个月降雨极少，土壤和大气干旱严重。苹果春季新梢生长初期，又值坐果和幼果期，是需水临界期，即关键需水期。灌溉的最佳时期，如果一年 2 次，应当在落花后坐果期一次，秋末冬初一次（冻水）；如果一年灌溉 3 次，可在第一次灌溉后 4～6 周时加一次。春季花前和花期尽量不灌溉，以免降低地温，影响坐果。秋末冬初灌溉之后，应有良好的保墒措施，尽量使这次水维持到春季还起作用。

五、水肥一体化

水肥一体化也叫做灌溉施肥，它是将施肥与灌溉相结合的一项农业技术措施（图 3-5、图 3-6，彩图）。即借助压力灌溉系统，在灌溉的同时将固体或液体肥料配兑成肥液，加入到安装有过滤装置的注肥泵吸肥管内，然后将水肥一起输入到作物根部土壤的一种灌溉施肥方法。

图 3-5 水肥一体化设备

水肥一体化是基于滴灌系统发展而成的节水、节肥、高产、高效的农业工程技术，可以实现水分和养分在时间上同步，空间上耦合，在一定程度上改善了苹果生产中水肥供应不协调和耦合效应差的弊端，大大提高了水和肥的利用效率，在作物增产增效和节水

图 3-6　果园中的水肥一体化设备

节肥等方面效果显著。灌溉施肥还须注意的问题如下。

①喷头或滴灌头堵塞是灌溉施肥的一个重要问题，必须施用可溶性肥料。

②两种以上的肥料混合施用，必须防止相互间的化学作用，以免生成不溶性化合物，如硝酸镁与磷、氨肥混用会生成不溶性的磷酸铵镁。

③灌溉施肥用水的酸碱度以中性为宜，如碱性强的水能与磷反应生成不溶性的磷酸钙，会降低多种金属元素的有效性，严重影响施用效果。

第四章

苹果整形修剪的依据和原则

第一节

整形修剪对优质丰产的重要性

苹果整形修剪是苹果栽培综合管理中重要的一项内容，其目的是在土、肥、水综合管理的基础上，通过一定的外科手术等方法，将果树调整成空间布局合理化、光能利用最大化、果品质量最优化、获得效益最高化而采取的一种人为管理措施，是实现优质果品生产的框架搭建工作，更是一种基础性措施。通过整形修剪来调控果树的生长量和生长节奏，调控苹果树生长与结果、衰老与更新之间的转化，调控苹果树与环境的关系，以达到早果、丰产、稳产、优质和省工的目的。

一、整形修剪的概念

整形是将树体整成一定的形状，也就是使树体的主干、主枝及枝组等具有一定的数量关系、空间布局和明确的主从关系，从而构成特定树形。修剪是指对具体枝条所采取的各种外科手术性的剪截和处理措施。

苹果树整形修剪是一项细致而繁重的技术工作。果树整形修剪，倡导修剪与生产实际相结合，养根强基、修剪提质、管理增效同步进行，推进"高产、优质、高效"目标的顺利实现。

二、整形修剪的作用和意义

1. 提早结果年龄，延长经济寿命

果树进入结果期的早晚和早期产量的高低，因树种、品种的生物学特性和土肥水综合管理及病虫害的综合防治水平而不同，"桃三杏四梨五年，要吃苹果七八年"。可见不同树种之间，进入结果期的早晚差异是很大的。即便是同一树种的不同品种间，进入结果期的早晚，也有较大差别，如苹果中的金帅、鸡冠、黄魁、富士、烟青等，成花结果较早，一般嫁接苗定植后 2~3 年，就可开花结果；而新红星、国光和印度等，定植后需 5~7 年才能开花结果，嫁接在矮砧上的苹果同一品种，其结果年限可相应提早 1~2 年。如果根据树种和品种的成花难易，采取相应的修剪技术措施，也可提早结果年限。对不易成花结果的树种和品种，采取加大骨干枝角度、多留枝、轻剪缓放及夏季修剪等措施，可促进提早成花结果；在杂交育种工作中，对实生树的枝条采取扭枝、弯曲和拉枝开张枝条角度等修剪措施，可有效地调节枝条的生长量和调控延伸方向，有利于改善树体的光照条件和营养物质的积累与分配，缩短童稚期，因而能调节果树的生长发育并促进成花结果。

在同一树种中，枝条的类型和着生方位不同，成花结果的难易程度也不一样。长的营养枝生长时间长，消耗营养多，积累营养少，不易成花；中、短枝停止生长早，积累营养多，消耗营养少，较易成花。在同类枝条中，生长势力不同，着生的部位和延伸的方向不同，成花的难易和成花数量的多少也不一样，此外，枝条的开张角度大小不同，成花结果的情况也不一样。所以，为促进成花结果，可以多留枝并轻剪长放，有些枝条甚至可以甩放不剪；改变枝条的延伸方向，可缓和其长势，促生中、短枝并成花结果；如为促进生长，加速扩大树冠，可适当重剪，减少总枝量，促生长枝；对进入盛果期的大树，则应通过修剪调节，保持结果枝、预备枝和更新枝的适当比例，维持生长与结果的平衡关系，延长盛果年限；对进入衰老期的果树，则需通过更新复壮，维持经济产量，直至全园更新。

2. 改善树体光照条件

光照时间的长短和光照强度的强弱，对果品产量的影响很大。在落叶果树中，桃和苹果最为喜光，葡萄、梨和板栗次之，柿树较为耐阴。研究结果表明，花芽形成的条件，短枝必须有 50% 以上可利用光照，才能有一半的短枝形成花芽。而不经修剪的果树，多数树冠郁闭，内膛光照低于自然光照的 30%，即在光补偿点以下，因此，这些叶片所制造的营养，只供自身消耗有时尚且不足，所以，就很难成花结果。整形修剪可以提高果树光合作用的效能，如选用适宜树形、开张骨干枝的角度，适当减少骨干枝的数量，降低树体高度和叶幕厚度等，都可改善光照条件，增加有效叶面积；再通过合理增施肥水，提高叶片质量和叶片的光合效率，延长光合时间，则可增加光合产物的积累，有利于成花结果。如对幼树和旺树，采取轻剪长放多留枝，改变枝条的延伸方向，调节枝条密度等，都可有效地改善树体的光照条件，增强叶片的光合效能，减少无效消耗，增加树体营养积累，利于成花结果，提高早期产量；但是，如果连续数年轻剪长放，又必然会出现枝条横生、叶幕过厚、光照条件恶化等不良现象，影响果品产量、质量和经济效益；反之，如果连年重剪，虽能改善树体的光照条件，但由于整体削弱过重，营养生长过旺，长枝过多，树体营养积累不足，也难以成花结果，因而产量也往往较低。

3. 改善树体营养

整形修剪可以提高树体的代谢能力，改善树体营养。果树体内的储藏营养，基本上是碳水化合物和含氮物质，其含量和比例，对树体的生长和结果都有很大影响。中国农业科学院果树研究所的研究结果表明，4月初对5年生红玉苹果树进行修剪，2周后通过分析发现，修剪部位组织中氮和水的含量，比未修剪的高许多，而经过修剪的枝条中，淀粉和糖的含量，都比对照低。这就说明，修剪改变了果树枝条中的营养组成，而这种变化有利于花芽形成和提高早期产量。正确运用修剪技术，特别是对盛果期的大树，可以明显地改善其光照条件，增加叶片的光合效能，尤其能明显地提高树冠内膛叶片的营养状况；对花量较多的弱树，剪去部分花芽，可以减少营养消耗，增加全树营养物质的积累，从而也有利于增加全树的叶面积和总根量，又促进了整个树体的生长发育。果树的夏季修剪，对枝条的养分含量也有明显影响。据河北省果树研究所对 10 年生金帅苹果所进行的夏剪试验表明，环剥和扭梢均能增加枝条先端有机营养的积累，促使树体内的碳氮比例向着有利于花芽形成的方向转化，从而促进夏剪枝条成花结果。多年生的果树，树体内积累有大量的储藏营养，在修剪过程中，疏剪或缩剪枝条，无疑会带走一些储藏营养，所以，修剪程度的轻重，应尽量限制在最低限度以内，剪去的部分，最好是储藏组织不发达的部位。因此，应最大限度地利用夏、秋季进行修剪，尽量减少冬季修剪量，而且冬季修剪的时间，最好安排在树体营养回流以后。摘心或短截修剪，由于剪去的是枝条的先端部位，因而暂时减少了内源激素的合成和供应，减轻或排除了激素对侧芽的抑制作用，所以有利于侧芽萌发。夏季摘心越早，二次生长量越大。葡萄花前和花期摘心，可明显地提高坐果。直立枝、水平枝和下垂枝条中的生长素含量依次降低，因而向下的芽不易萌发，而背上的芽则易抽生旺枝。在修剪过程中，通过拉枝、曲枝或扭梢，也能影响激素的运输和分配。通过修剪改善了光照条件以后，激素的输送速度也加快。修剪还能提高酶的活性和产生过氧化氢酶，而过氧化氢酶的产生，又可以消除新陈代谢过程中所产生的过氧化氢对树体的危害，从而提高果树的代谢能力。

4. 影响树体营养的分配和输导

国内外的研究结果表明，果树的生长和结果与树体内营养物质的含量、类别、分配、输导及激素等直接相关，而合理的整形修剪，能够调节和控制营养物质的分配和利用，从而可以调节果树的生长和结果，使其既促进树体的健壮生长，又能使果树正常开花结果。

研究结果表明，在苹果树的短果枝中，氮的含量高，碳水化合物的含量较低；未结果的短枝中，氮的含量低，碳水化合物的含量高；在细弱的枝条中，氮和碳水化合物的含量都低。观察结果表明，碳水化合物含量高的短枝，较易形成花芽，而碳水化合物含量低的短枝，则不易形成花芽，所以，细弱的枝条较难成花结果。

果树冬剪，可以提高果树枝条内的含水量和含氮量。1年生的苹果枝条修剪后，含氮量有所增加；2年生枝修剪后，含氮量则有所减少；枝条短截以后，剪留部分所萌发的新梢含氮量和含水量均有明显增加。但是，如果修剪量过重，碳水化合物的含量则有减少的趋势。因此，幼树的修剪量不宜过重，否则会导致枝条中含氮量增加，碳水化合物的含量减少，而使营养生长过旺，不易形成花芽，推迟结果年限，影响早期产量和经济效益。夏季修剪，对枝条内营养物质的含量也有明显影响。果树的输导组织和灌水渠道相似，如果通畅无阻，则输送的营养物质多，树体长势健壮，枝叶量多，增粗也快，反之，则长势弱，枝叶量少，增粗也慢。通过修剪，如利用背后枝换头，主干弯曲和在1年中经多次修剪而增加的枝条，均因营养输导多次受阻而影响树体的长势和增粗。环剥、环刻、扭梢和捋枝等项修剪措施，也是因为暂时地破坏了枝条的输导组织，改变了原来的养分和水分的输导方向，使局部的营养状况得到了改善，缓和了树体的营养生长，促进短梢萌发和花芽形成，因而有利于提早结果和早期丰产。果树的生长和结果，以及树体内营养物质的分配和运转，还与内源激素有关。在自然情况下，一般是新梢顶部的激素含量较多，因而能够抑制侧芽萌发，但是，如果将枝条的先端部分剪去，排除内源激素对侧芽的抑制作用，则可促进侧芽的萌发。如果在芽的上方施行刻伤，或对枝条进行环剥，中断了枝条先端内源激素向下输送的通道，也能刺激下部侧芽萌发。此外，拉枝开角和曲枝、别枝等，也都能影响内源激素的分配和输导。所以，这些修剪措施，也可以促进侧芽的萌发，增加短枝数量，而有利于成花结果。

5.影响营养生长和生殖生长的均衡

果树的生长和结果，是相互制约又相互促进的。在一定的条件下，还可以互相转化。果实需着生在具有一定叶面积的枝条上，只有一定数量的枝条和叶片，才能制造足够的营养物质，供果实生长发育，并形成花芽用于第二年继续开花和结果。所以，生长是结果的基础，结果是栽培的目标。但是，如果修剪过重，营养生长过旺，长条过多，营养的消耗大于积累时，则会因营养不足而影响花芽的形成，或幼果的生长发育。对幼龄果树进行修剪时，由于对局部的长势有促进作用，所以，修剪量不宜过重，以免因营养生长过旺而影响花芽的形成。应采取较轻修剪措施，适当多留枝条，促其健壮生长，迅速扩大树冠，增加总枝叶量和有效短枝的数量，为优质丰产奠定基础。同时，由于各枝条间具有相对的独立性，因此，可以利用骨干枝以外的部分枝条，经过拉枝开角、环剥、环割或摘心、扭梢等修剪措施，抑制其过旺生长，促进成花结果；但如修剪过重，则营养生长过旺而不利于成花结果。

果树进入结果期以后，如结果数量过多，营养消耗过量时，除果实不能充分膨大外，树体的营养生长也要受到抑制，造成树体营养亏损，而削弱树体长势或出现大小年结果的现象。通过修剪，可以有效地调节花叶和叶芽的比例，保持生长和结果的相对平衡；改善通风透光条件；增加树体的营养积累，延长盛果年限。在实际生产中，经常通过修剪措施调节大小年，即对花量多的大年树，疏除其过多的细弱短果枝，短截部分中、长果枝，提高叶、果枝的比例，以维持连年优质、丰产。

对进入衰老期的果树，修剪时应注意对主、侧枝和结果枝组及时更新复壮，充分利用徒长枝，更新骨干枝或培养其为结果枝组，改善树体的营养状况，促进营养生长，延长经济结果年限。

6. 提高果树抗逆能力

果树一经定植，便要十几年、几十年甚至上百年地固定生长于一个地方，由于这种长期性和连续性的特点，所以，果树遭受病虫侵袭和不良环境条件影响的机会就多于和大于一年生作物。而合理的整形修剪，可使树冠上的枝条，有一个合理的配置和适当的间隔，保持良好的通风透光条件；在修剪过程中，还可及时剪除衰老、病虫枝，减少病虫危害和蔓延的机会，使果树少受或免受其害，增强树体的抗逆能力，维持稳定的产量。

另外，还可根据不同果园的立地条件，整修成适应当地环境条件的树形，以扩大栽植范围，维持正常产量。例如，建立在多风地区或山地风口处的果园，可以整成低矮树形，以增强抗风能力；冬季严寒的地区，如黑龙江、吉林、新疆北部等地的果树，可采用匍匐栽培，既便于埋土防寒，防御低温冻害，又可充分利用地面热量，提早结果；在夏季干旱少雨、秋季气候凉爽的地区栽植葡萄时，整形可降低主干、缩小树形，整成灌木状，进行密植栽培等。各种果树，均可通过整形，使其适应当地环境，增强抗逆能力，扩大栽培范围，获得稳定产量。

7. 提高果品产量

合理的整形修剪，可以调节全园各株果树的长势，使其均衡，以便发挥全园果树的总体生产能力。若配合其他综合农业技术措施，使全园的每株果树，生长发育整齐一致，使每一单株的生产潜力，都能得到充分的发挥，作到均衡增产，单位面积产量才会有可靠的保证。

合理整形修剪，除能发挥每株果树的生产潜力外，还可发挥每株树上、每一根枝条的生产潜力，使全树枝条分布合理，配置得当，从属关系分明，各枝间生长一致，树势均衡、健壮，不相互制约和影响，从而增强树体长势，延长结果年限，提高果品产量。

合理整形修剪，还可消除或减轻果树生产中的大小年现象。从生产实践中看到，综合管理粗放、修剪忽轻忽重的果园，多有大小年结果现象。所以，为获得连年优质、丰产，必须在加强土、肥、水综合管理和病虫害综合防治的基础上，进行合理的整形修剪，以克服或减轻大小年结果现象的发生。

通过整形修剪，保持单位面积上一定的枝量，保持发育枝和结果枝的适宜比例，并使其配置合理、分布均匀、长势均衡，同时注意肥水管理和病虫防治，注意疏花疏果，对克服大小年结果现象的发生，提高果品产量，并保持连年优质、丰产，有明显效果。

8. 改善果实品质，提高商品价值

合理整形修剪，可使不同年龄阶段、不同长势及树冠大小不同的乔、矮砧果树，都能负担相应的果实产量。对于每株树上的枝条，又可根据其着生位置、延伸方向、开张角度、粗细以及占有空间的大小和历年的结果情况等，确定合理的留果量，使各树株之间以及同一株树的各主枝间，都能合理负载，这样所结果实生长发育均一，大小整齐一致，商品质量较高（图4-1）。如果枝量适宜，又能保持良好的通风透光条件，结在树冠内外的果实，都能获得充足的光照，则红色品种便可全面着色，黄色或绿色品种，可果面光洁，没有水印、锈斑，这样的果园，一级果率可达

80%以上，而病虫果、畸形果、小果和等外果，可以降至5%以下，甚至更低或没有。这样的果园，既便于采收，也有利于采后的分级包装和储藏运输。果实的外观质量好，商品价值和经济效益也会随之提高。

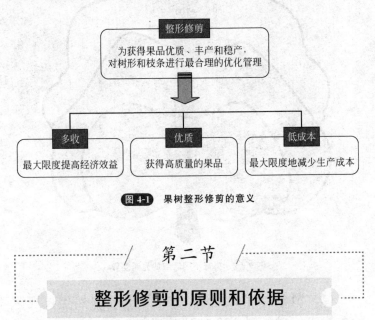

图 4-1 果树整形修剪的意义

第二节

整形修剪的原则和依据

苹果属于多年生植物，有其自身的生长发育规律，在自然生长状态下也能够开花结果，完成树冠扩张和枝类更新等。然而，修剪是一项人为的技术措施，修剪的依据是什么？根据哪些原则来进行修剪？如何去修剪？这些问题是整形修剪之前必须了解的基本知识。

一、整形修剪的原则

（1）解决好个体与整体的光照问题 通过整形处

理好个体与整体光照问题（图 4-2），力争树冠均衡扩展，防止树体生长参差不齐。

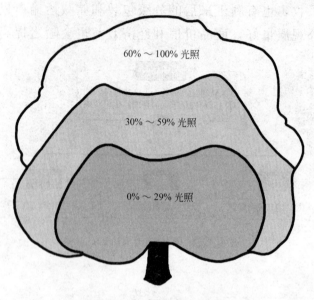

图 4-2 树冠不同区域的光照差异

（2）科学合理的整形　在重视树木自然生长规律的前提下，进行科学合理的整形。

（3）培养良好的树形结构，提高修剪效率　主侧枝区别要明显，间隔要配置合理，提高修剪效率，减少时间和劳动力浪费（图 4-3）。

（4）不要轻易变更树体结构　骨干枝一旦培养成型，不要轻易变更，要慎重对待。

二、整形修剪的依据

1. 树种和品种生长结果特性

品种不同，生长结果习性不同，如在萌芽力、发

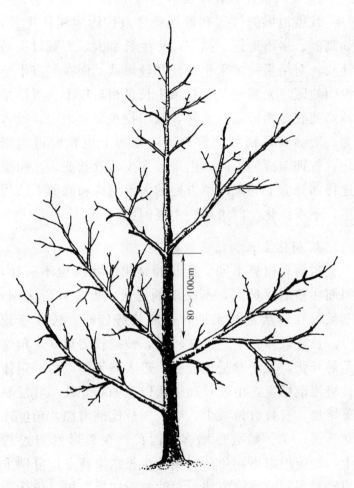

80~100cm

图 4-3　良好的树形结构

枝力、分枝角度、成花难易、坐果率高低等方面都不
尽相同。对于树姿开张、长势弱的品种，整形修剪应
注意抬高主枝的角度；树姿直立、长势强旺的品种，
则应注意开张角度，缓和树势。

2. 自然条件和栽培技术

栽植地域的气候和地理条件直接影响树体生长，如高温、多雨地区，同一品种生长量大，短截过重易徒长，对结果枝多采用疏枝和轻短截。而在北方干旱少雨地区，光照充足，枝条生长量相对较小，对结果枝修剪宜多用短截。另外，栽培技术高的果园，投入大，能够实行精细化管理，在修剪上也相应得到细化；管理粗放的果园，由于投入少，效益低，在树形选择和修剪上易以简单方便的树形结构和修剪手法为主，不求细化，但求解决主要问题。

3. 树体生长和结果状况

树龄和树势不同，生长和结果的状况也不一样，因而在整形修剪时，所采取的方法，也应有所区别。苹果树在幼龄至初果期，一般长势较旺，枝叶量较少，长枝较多，中、短枝较少，枝条较为直立，角度不易开张，花果数量也较少；进入盛果期以后，树体长势逐渐稳定，由旺长而中庸以至偏弱，枝、叶量显著增加，长枝数量减少，中、短枝比例增加，角度逐渐开张，花、果数量增多。因此，在整形修剪过程中，就应根据不同年龄时期的生长结果特点，分别采用轻重不同的修剪方法：对幼龄至初果期树，应适当轻剪，增加枝条总量和枝条级次，扩大树冠，促进提早结果和早期丰产；对已经进入盛果期的大树，则应适当加重修剪，注意调节开花、结果数量，搞好更新复壮修剪，防止树体衰老，延长盛果年限。对于长势过旺的树，不论是处于何种年龄阶段，修剪量都应从轻，以利成花结果；而对于长势过弱的树，首先要采取加强土、肥水、综合管理措施，增强树势和增加枝量以后，再采取相应的修剪措施。

4. 栽植密度

果树的栽植密度和栽植方式不同，整形修剪的方法也应有所区别：密植园需注意光照，因此，修剪时树干要矮，树冠要小，主枝要少，结果要早。

5. 果园经济效益

果园经济效益的高低直接影响果园管理水平。如果没有好的经济收益，再好的修剪技术也无任何意义。因此，修剪水平要与果园的经济效益挂钩，在考虑果园整体效益的前提下，计算出修剪成本所占比例，以及合理的份额，以此来确定修剪措施的应用。从经济学的角度看待修剪问题。

6. 修剪反应

果树对修剪的反应也不一样。即使同一品种，用同一种修剪方法处理不同部位的枝条时，其反应的程度和范围，也有较大的差异，因此，修剪反应既可检验修剪的轻重程度，也是检验修剪是否合理的重要标志。只有熟悉并掌握了修剪反应的规律，才能做好整形修剪。以苹果为例，对初果期国光和红星的花枝进行同等程度的缩剪时，修剪反应是不一样的：在国光的花枝上缩剪以后，其反应是长势稳定，坐果率高；在元帅系品种花上缩剪以后，特别是在初果期树上修剪时，其反应往往是促进新梢旺长，降低坐果率。所以，对元帅系品种的花枝进行缩剪时，要根据树体生长势的不同，分别在春、秋梢交界的轮痕处或新梢基部瘪芽处进行剪截，以缓和其修剪反应，并提高坐果率；在疏枝程度相同的情况下，对骨干枝两侧的分枝和骨干枝的背上枝进行疏剪时，其修剪反应常因骨干枝的背上枝数量多少而不同：当骨干枝的背上枝数量多时，疏除两侧分枝后，背上枝的反应就比较缓和，但背上枝的数量少时，疏除骨干枝两侧分枝后，背上枝的反应就很强烈，往往引起旺长。因此，只有在充分掌握了不同树种和品种的修剪反应之后，才能更好地发挥修剪的增产作用。

7. 必须与肥水管理和病虫害防治相配合

肥水管理是树体生长的基础，肥水条件好的果园，树体生长量大，树势强旺，结果晚，除建园时应注意适当加大株、行距外，在整形修剪时应注意采用大、中冠树形，树干也要适当高些，轻度修剪，多留枝条。除注意轻剪外，还要重视夏季修剪，以缓和树势，促进成花结果。同样，如腐烂病、早期落叶病以及生理性病害等，直接影响到树体生长发育，修剪时要考虑到这些因素。任何一项修剪措施都是建立在一定的肥水管理基础上的，如果忽视这一点，不管你修剪措施应用得多好，也得不到应有的效果。

三、影响修剪的因素

（1）栽培面积　栽培面积大，株数多，管理方便，修剪省工。但群体大，会造成通透性降低。

（2）地形地貌　山坡地高差大，光照充足，在树形结构上要选择斜向生长，充分利用好空间。平地种植的果园，结果面处于同一高度，为了能获得充足光照，在栽植密度和树形结构上与山坡地要有所不同。

（3）土壤条件　不同地域果园土壤差异较大，导致生长量不同，修剪也要因地制宜。

（4）环境条件　台风频发区域，应采用架式栽培，固定枝条和果实，防止脱落；寒冷和雪灾严重区域，要尽量降低树体高度，缩小冠幅，有利于防寒。

（5）品种选择　不同品种生长发育特性不同，修剪时要按照其生长特性进行修剪。

（6）砧木选择　采用矮化砧木栽培，树体矮化，易成花，结果早，修剪量要少；乔化砧木栽培，生长量大，修剪量大。

（7）机械化水平　定干过低，枝条生长位置低，栽植密度过大，行间密闭，影响果园机械操作。修剪时将过低和密闭的枝条剪除，以不影响机械作业为原则。

（8）设施栽培　随着果业发展，苹果的设施栽培会得到逐步的应用。特别是近年来，果园鸟害越来越严重，防护网是理想的防止鸟害方法，如果树体一致性差，高低不齐，不利于防护网的搭建。

（9）生产者素质　老果区果农基础好，素质高，新技术已掌握，新果区果农经验不足，修剪易出偏差。另外，果农的文化程度也影响对修剪技术的掌握。

第五章

苹果主要树形和
整形修剪技术

第一节

树体结构

一、优质丰产树体的主要结构特点

1. 低树高化

低树高化的丰产树体见图5-1。

图 5-1　低树高化的丰产树体

2. 骨干枝级次少，结果枝数量多

骨干枝级次图见图5-2。

3. 主枝角度大，光照充分

主枝角度示意图见图5-3。

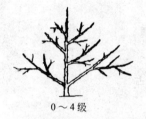

0～4级   0～2级   0～1级

图 5-2 骨干枝级次图

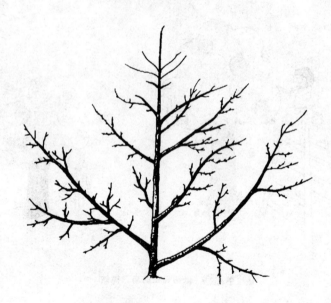

图 5-3 主枝角度示意图

4. 主枝排列均衡连贯

排列均衡连贯的主枝见图 5-4。

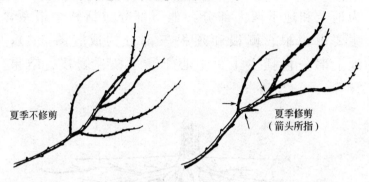

夏季不修剪

夏季修剪
（箭头所指）

图 5-4　排列均衡连贯的主枝

5. 枝组小型

枝组小型见图 5-5。

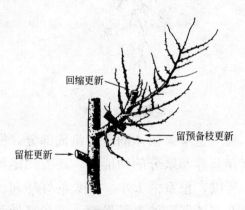

回缩更新

留预备枝更新

留桩更新

图 5-5　枝组小型

二、树体结构及各部位名称

1. 树体结构

为了获得优质苹果，而且便于管理，人们在生产过程中，便根据不同品种的生长结果习性及立地条件，将其整修成一定的形状。苹果的树体可分为地上和地下两大部分：地下部分包括整个根系，主要由主根、侧根和须根三部分构成（图 5-6）；地上部分包括主干、中心干、主枝、侧枝、结果枝等。

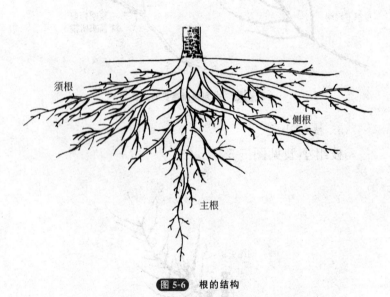

须根

侧根

主根

图 5-6 根的结构

（1）根　是苹果树体的重要组成部分。根系除有吸收、储存营养和水分的功能外，还有固定整个树体的作用。所以，根系的大小、生长的好坏和入土的深浅，对地上部各器官的生长发育、产量高低和寿命长短都有直接影响。当然，地上部生长的好坏，也会影响根系的生长发育和吸收。

① 主根：由种子胚根发育形成的根。

② 侧根：在主根上着生的各级分支。

③ 须根：在侧根上形成的细小的根（2.5mm）。

（2）根颈　地上与地下部的交界处，也就是主干与主根相接的地方，叫做根颈。根颈是全树最敏感的部位，秋季停止生长最晚，春季解除休眠最早，所以，在冬、春季比较寒冷的地区，根颈比其他部位容易遭受冻害。

（3）主干　从根颈以上到着生第 1 个分枝的地方，叫做主干。主干除支撑整个树冠的枝系以外，由根部吸收的水分和养分，需要经过主干运送到地上部的各个器官中去，由地上部的叶片所制造的碳水化合物，也要经过主干输送至根部。所以，主干也是地上和地下部营养输送和交换的交通要道。主干的高低、是否健壮和完整，对地上部的枝叶和地下部根系的生长都有重要作用。

（4）树冠　在树干以上着生的枝条，统称为树冠。树冠由多种枝条组成。这些枝条，因其着生部位、长势以及功能等的不同，又可分为：中心领导枝、主枝、侧枝、延长枝和辅养枝等（图 5-7）；这些枝条又根据其是否结果而分为营养（发育）枝和结果枝。

（5）中心干　也称中央领导枝或中央领导干，或简称中干，是树冠中心直立或弯曲向上生长的骨干枝条。中干位于全树的中央，是树体的主轴。主枝、侧枝、裙枝、辅养枝及部分枝组，都着生在中干上。中干的长短决定着树冠的高低。中干与主枝，既相互促进，又相互制约。

（6）主枝　是从中心领导枝上分生出来的大枝，

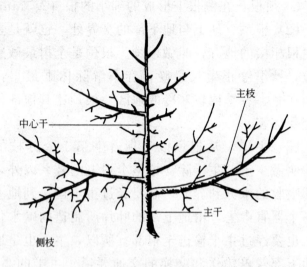

图 5-7　树体结构

是树冠的主要骨架。根据主枝在中干上的着生位置，又把离地面最近的主枝，称为第 1 主枝，依次向上则称为第 2 主枝和第 3 主枝。在生产中，习惯上又把第 1、2、3 个主枝，称为第一层主枝。由于各主枝的着生位置不同，而构成多种不同的树形。所以，在修剪过程中，应按预定树形，选留着生位置、距离、角度、方位都比较适宜，而且长势较强的枝条作为主枝。

（7）侧枝　是从主枝上分生出来的枝条，在侧枝上再分生出的枝条，则称为副侧枝。侧枝和副侧枝是扩大树冠，着生各类枝条和结果枝组的部位。因此，在修剪过程中，要根据树形的要求，有意识地选留和培养侧枝，并使这些侧枝均匀地着生于主枝上，以利于各类枝组的配置和结果。

中心领导枝、主枝和侧枝，是构成树冠的骨架，所以，这几种枝条，又统称为骨干枝。在骨干枝上或两个骨干枝中间所着生的枝条，是暂时用于补充空间、辅助骨干枝生长用的，所以叫做辅养枝，而有些是长期保留，用于结果和扩大结果面积的，称为结果枝组。在苹果幼树和初果期的树上，适当多留些辅养枝，有利于骨干枝的健壮生长，增强树势，扩大树冠和早期结果，所以，辅养枝是初果期苹果树的主要结果部位。随着树冠的扩大和结果部位的增多，树冠出现郁闭、内膛光照不良时，有些辅养枝可以疏除，而有些辅养枝仍需保留，但要根据空间大小，逐步改造为结果枝组。

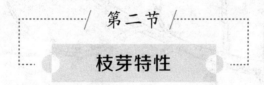

第二节

枝芽特性

一、枝的类型

（1）营养枝　就是没有着生花芽和果实的枝条，是培养各级骨干枝和结果枝组的基础。营养枝（图5-8）又因其长短和质量的不同而分为：长枝、中枝、短枝、叶丛枝和徒长枝5种（表5-1）。

①长枝：生长量大，枝上具有芽内叶、芽外叶和秋梢叶的两季枝。具有强的激素合成和竞争营养物质的能力，建造消耗大，建造期长，长枝的光合产物

表 5-1　营养枝类型

营养枝类型	长枝	长度在 35cm 以上
	中枝	长度在 5～35cm
	短枝	长度在 0.6～5.0cm
	叶丛枝	长度在 0.5cm 以下
	徒长枝	在养分优势部位隐芽和不定芽萌生的 强旺不充实枝条，长度在 15～80cm

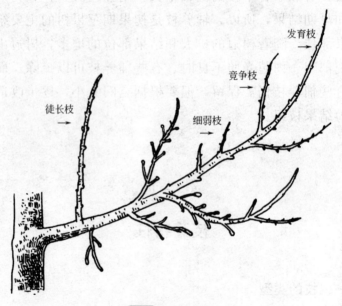

图 5-8　营养枝类型

可以运往枝干和根，起到养根、养干的作用。

②　中枝：又叫封顶枝，只有春梢，没有秋梢，有明显顶芽。只有一次生长，功能较强，有的可以当年形成花芽，转化为结果枝（图 5-9）。

③　短枝：只有芽内叶原始体，一次性展开形成的枝条，建造时间短，而积累时间长，其光合产物基

本自留而不外运，无养根、养干的作用。

④ 叶丛枝：叶芽萌发后生长量较小的短枝；如营养充足，当年秋天就可形成顶花芽，营养条件不良时，可多年延长生长。

⑤ 徒长枝：潜伏芽遇到刺激萌发而形成，生长量大，皮薄叶小，以消耗为主，枝条不充实，芽子瘦瘪，不易形成骨干枝和花芽。

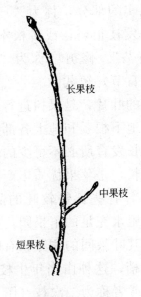

长果枝

中果枝

短果枝

图 5-9　结果枝类型

在苹果树上，短枝是形成花芽的主要枝类，丰产树，多是健壮短枝多，长枝、弱枝少；苹果树在盛果期以前，徒长枝一般没有利用价值，所以应该及早从基部抹除，以节省营养；进入衰老期的苹果树，需要利用徒长枝进行更新时，应及早摘心，促其丰产、健壮。

（2）新梢 当年抽生并带有叶片的枝条称为新梢。由于新梢形成的时间不同，又可分为春梢和秋梢。春季萌发，夏季停止生长的部分，叫做春梢；秋季抽生的部分称为秋梢。春梢组织充实，芽体饱满，叶片肥厚，光合效能高；秋梢组织不充实，叶片小而薄，芽体也多不饱满，冬季较易遭受冻害。春梢和秋梢交界的地方，有一段生长缓慢、节间很短、叶片很小、芽体也不充实的部分，称为"环痕"。修剪时在此处短截，或者发枝很弱，或者根本不发枝，所以，此处又称为"盲节"。修剪中称为"戴帽"修剪的，也就是在此处（盲节）短截。

新梢上着生的叶片，是果树进行光合作用，制造营养物质，供给地下根系和地上各部生长发育的主要器官，是树体生长发育所必不可少的部分。因此，促进新梢的健壮生长，是苹果优质丰产的基础。

（3）二次枝 有些长势较旺的品种，或土层深厚、土质肥沃、肥水充足的苹果园，在新梢加长和加粗生长的同时，其叶腋间的侧芽，有时也能在形成的当年萌发成为新梢，这种由当年生枝所抽生的新梢，一般称为副梢，或者称为二次枝（图5-10）。

（4）徒长枝（图5-11） 潜伏芽遇到刺激萌发而形成，生长量大，皮薄叶小，以消耗为主，枝条不充实，芽子瘦瘪，不易形成骨干枝和花芽。

（5）预备枝（图5-12） 枝组更新的需要，在适宜部位选留出更新预备的枝。

（6）结果枝 凡着生花芽能够开花结果的枝条，称为结果枝。品种不同，结果枝上花芽着生的部位也

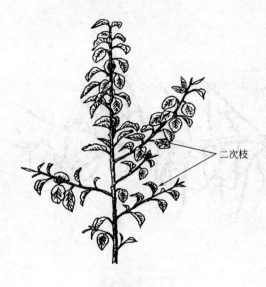

二次枝

图 5-10 二次枝

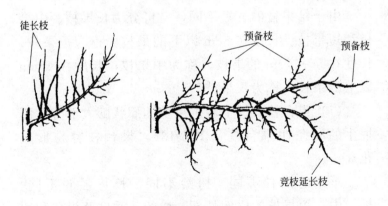

徒长枝

预备枝

预备枝

竞枝延长枝

图 5-11 徒长枝

不完全一样。多数苹果品种的花芽着生在结果枝的顶端，所以叫做顶花芽。有些品种如富士系、金冠系等，在新梢的叶腋间也能形成花芽，因这种花芽着生

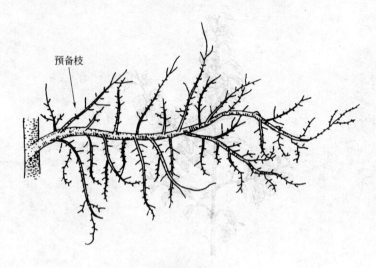

预备枝

图 5-12　预备枝

在叶腋间又称腋花芽。

由于结果枝的长短不同，又可分为长果枝、中果枝和短果枝。长度在 5cm 以下的果枝，称为短果枝；长度在 5～15cm 的果枝，称为中果枝；长度在 15cm 以上的果枝，称为长果枝。

（7）果台枝　树上着生果实的瘤状膨大部分上面抽生的枝条叫果台枝（图 5-13），果台枝容易形成花芽。

苹果的品种不同，树龄不同，长势强弱不同，长、中、短果枝的比例是不一样的。乔砧苹果树和幼树，一般长果枝较多；矮砧苹果和短枝型品种，中、短果枝较多。各种果枝的结果能力也不一样。因此，在进行修剪之前，先要弄清不同品种、各种果枝的着生情况，并据此采取相应的修剪措施。

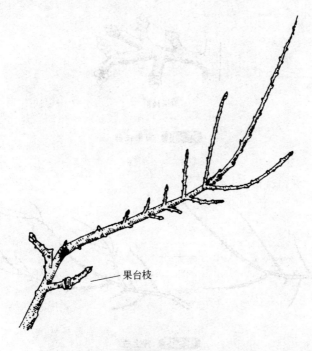

果台枝

图 5-13　果台枝

　　每个花芽所着生的花，其开放的先后都有一定的顺序。苹果树是中心花先开。在正常情况下，先开的花结果最好，所以，疏花疏果时，应尽量选留中心花、中心果。

　　（8）短果枝群（图 5-14）

　　（9）背上枝（图 5-15）

　　（10）并生枝（图 5-16）

　　（11）重叠枝（图 5-17）

　　（12）鸡爪枝（图 5-18）

　　（13）裸枝（图 5-19）

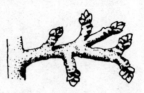

短果枝群

图 5-14 短果枝群

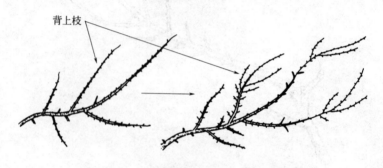

背上枝

图 5-15 背上枝

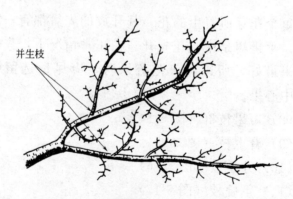

并生枝

图 5-16 并生枝

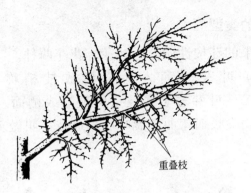

图 5-17　重叠枝

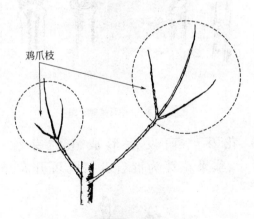

图 5-18　鸡爪枝

图 5-19　裸枝

二、芽的类型

苹果的芽按性质分为叶芽、花芽两种。

（1）叶芽　萌发后只形成枝梢称为叶芽（图 5-20）。叶芽着生在枝条的顶端或侧面。叶芽呈三角形，尖长而弯曲，展叶后长成枝，叫做新梢或营养枝。

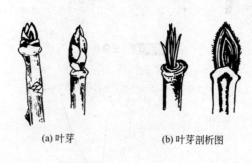

(a) 叶芽　　　　　　(b) 叶芽剖析图

图 5-20　叶芽及其剖析图

（2）花芽　萌发后形成花的芽称为花芽（图 5-21）。苹果花芽为混合芽，既可开花结果，又

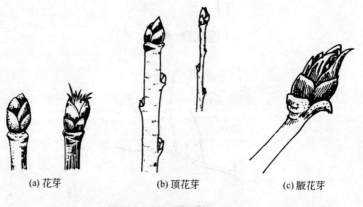

(a) 花芽　　　　(b) 顶花芽　　　　(c) 腋花芽

图 5-21　花芽、顶花芽、腋花芽

可抽枝展叶。苹果以顶花芽为主，也有腋花芽。

（3）枝芽各部位名称（图5-22）

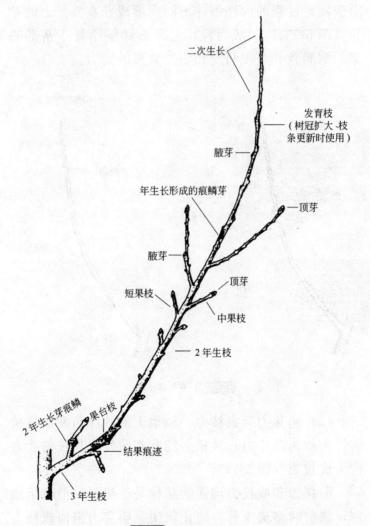

二次生长

发育枝
（树冠扩大、枝条更新时使用）

腋芽

年生长形成的痕鳞芽

顶芽

腋芽

顶芽

短果枝

中果枝

2年生枝

2年生长芽痕鳞

果台枝

结果痕迹

3年生枝

图 5-22 枝芽各部位名称

三、枝芽特性

（1）芽的异质性　在同一枝梢上不同部位的芽，由于发育过程的内外条件不同而形成芽在质量上的差异（图 5-23）。一般而言，上部的芽质量好于基部的芽，饱满且具有先萌发和萌发势强的潜力。

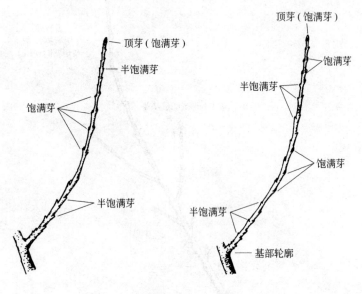

顶芽（饱满芽）

半饱满芽

饱满芽

半饱满芽

顶芽（饱满芽）

饱满芽

半饱满芽

饱满芽

半饱满芽

基部轮廓

图 5-23　芽的异质性

（2）萌芽力与成枝力　枝梢上的叶芽萌发成枝梢的能力称为萌芽力。枝梢上的叶芽萌发成长枝的能力称为成枝力（图 5-24）。

萌芽力和成枝力均强的品种易于整形，但枝条过密，修剪时多疏少剪，防止郁闭。萌芽力强而成枝力弱的品种，易形成中短枝，但枝量少，应注意短剪，促其发枝。

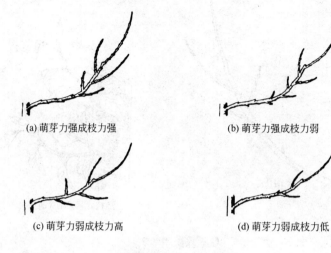

(a) 萌芽力强成枝力强　　　　　　(b) 萌芽力强成枝力弱

(c) 萌芽力弱成枝力高　　　　　　(d) 萌芽力弱成枝力低

图 5-24　萌芽力与成枝力

（3）芽的潜伏力　潜伏芽萌发成枝梢的能力称为芽的潜伏力（图 5-25），潜伏芽的寿命越长越有利于树体更新。因此潜伏芽是衡量一个品种寿命长短和自身更新能力的一项指标。

（4）顶端优势　活跃的顶端分生组织（顶芽或顶端的腋芽）抑制其下部侧芽发育的现象，表现为枝条上部的芽能萌发抽生强枝（图 5-26），直立枝条生长着的先端使其发生的侧枝呈一定角度。

直立生长的枝条生长势旺，枝条长，接近水平或下垂的枝条则生长短而弱；枝条弯曲部位的芽，其生长势超过顶端，枝条因着生方位不同而出现强弱变化，是在修剪时剪口芽的选择和撑枝、拿枝、弯枝等整形的依据。

（5）层性　中心主枝上的芽萌发为强壮的枝梢，

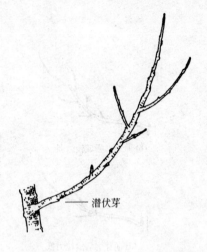

潜伏芽

疏枝后苹果副芽萌芽状

图 5-25 潜伏芽

(a) 中心干延长枝表现

(b) 主枝角度较小，后部分枝少

(c) 主枝角度较大，后部分枝多

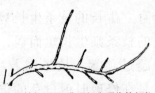

(d) 主枝拉平后，背上部出现优势部位

图 5-26 顶端优势的表现

中部的芽萌发为较短的枝梢，基部的芽多数不萌发抽枝。以此类推，从苗木开始逐年生长，强枝成为主枝，弱枝死亡，主枝在树干上成层状分布（图 5-27）。

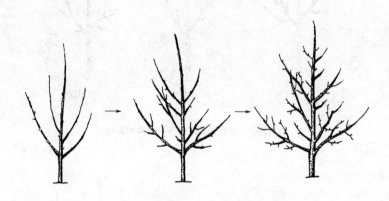

图 5-27　层性的表现

　　苹果的顶端优势强，层性明显，在整形修剪上利用好层性，有利于树体通风透光。

　　（6）枝势和树势　枝势是指枝条的生长强弱，树势指整个树的生长强弱。枝势和树势是判断修剪强弱的依据。理想的苹果枝势和树势应该为中庸健壮的树体。

　　过于强旺的树势，营养生长强，结果少；过弱的树势，营养生长不足，影响果实产量和品质，都是不适宜的树势。强修剪能够刺激营养生长，增强树势；弱修剪能够缓和树势（图 5-28）。

　　（7）花芽形成（图 5-29）

　　（8）树木不同部位的发育特性　苹果树在发育过程中，不同阶段和生长部位树体发育成熟度不同，从

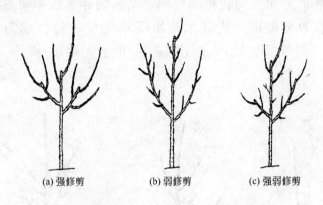

(a) 强修剪　　　　　(b) 弱修剪　　　　　(c) 强弱修剪

图 5-28 修剪强弱对枝条和树势的影响

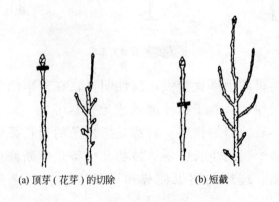

(a) 顶芽 (花芽) 的切除　　　　　(b) 短截

图 5-29 花芽形成

中心到外围划分成不同的区域（图 5-30）。每个区域代表着一定的生长特性，在修剪中应加以利用。

（9）修剪对果实分布的影响　自然放任的树结果部位逐渐集中到树冠外围，内部结果减少，是导致产量下降的主要原因。修剪的树通过调整枝条的生长方向和枝类构成，能够充分利用内部结果，达到提高产

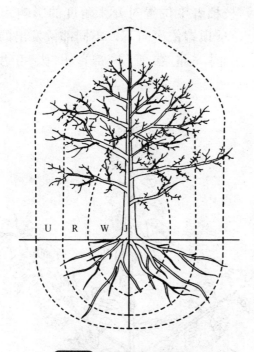

图 5-30　树木不同部位的发育相

J—幼木相；W—生长相；R—成熟相；U—衰老相

量的目的（图 5-31），这也是果树为何要修剪的原因之一。

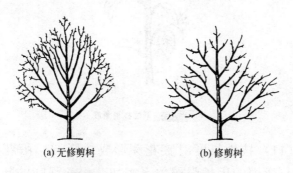

(a) 无修剪树　　　　　(b) 修剪树

图 5-31　叶片和果实着生位置分布

（10）枝梢着生位置对开张角度的影响　在同一条枝梢上，从顶端依次向下，不同部位发出的枝的开展角度不同，越靠近下部，开张角度越大（图5-32）。

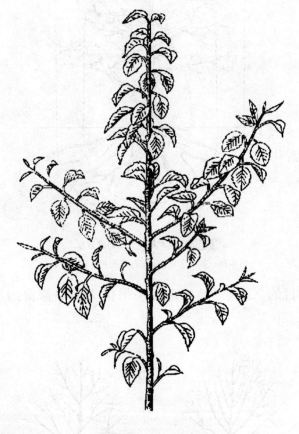

图 5-32　下位枝梢角度

（11）枝梢长度对腋花芽形成的影响　腋花芽的形成与新梢的生长强弱关系密切。生长强旺的新梢腋花芽形成少，生长弱的枝条也难以形成腋花芽，生长中等程度的新梢容易形成腋花芽（图5-33）。但这一特性会受气候条件和品种的影响。

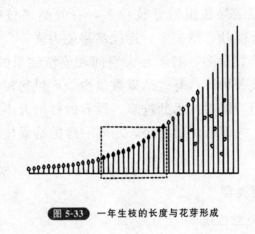

图 5-33 一年生枝的长度与花芽形成

第三节

枝组培养与更新

结果枝组是苹果树体中的基本结果单位，它生长在各级骨干枝和辅养枝上，由两个以上的结果枝和营养枝组成。

根据其分枝数量和生长在骨干枝上的一段枝轴长短，常分为大、中、小3种类型：小型结果枝组具有2~4个分枝，枝轴长度15cm左右；中型结果枝组具有8个左右的分枝，枝轴长度30~50cm；大型结果枝组有12个以上的分枝，枝轴长度50cm以上。在苹果树体中，小型结果枝组数量多，占据空间小，能够起到填补树冠内小空间和保持通风透光的作用，但由于其有效结果枝少，有间歇结果和不易更新等特点；中型结果枝组的分枝较多，有效结果枝数量也多，生长健壮，结果多，连续结果能力强；大型结果枝组分枝数量多，有填补大空间和连续结果的优点，但其上枝条稀疏，有效结果数量少，产量比较低。

但随着修剪技术的进步，原有的枝组大小划分逐渐淡化，为保证优质结果，培养一致的结果枝成为今后的方向。

一、枝组类型

1. 小型枝组

小型结果枝组是最小的结果单元，从一个单独的小结果枝到带有 2～4 个分叉的枝组（图 5-34）。

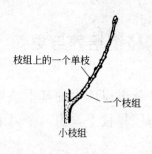

枝组上的一个单枝

一个枝组

小枝组

图 5-34 小型枝组

2. 中型枝组

由几个分叉枝构成，枝展空间在 30～50cm

（图 5-35）。

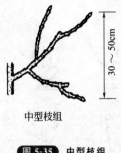

中型枝组

图 5-35 中型枝组

3. 大型枝组

由多个大的分杈枝构成，枝展空间在 50～80cm
（图 5-36）。

大型枝组

图 5-36 大型枝组

二、枝组培养方法

1. 先截后放

旺树的旺枝先长放枝条，结果后再回缩；旺枝也
可先短截促分枝，将所选留的新梢长放后再回缩；回

缩改造辅养枝；环剥或环割强旺枝（图 5-37）。

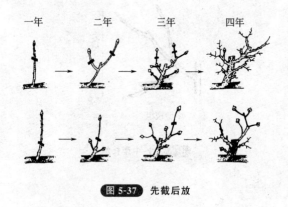

一年　　二年　　三年　　四年

图 5-37　先截后放

2. 先放后缩（见图 5-38）。

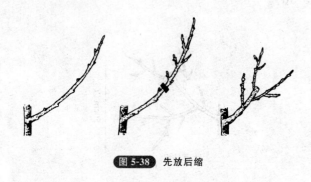

图 5-38　先放后缩

三、配置原则

树冠结果枝组配置原则：上疏下密，外稀内密，上小下大；在主枝、侧枝上的大、中、小枝组分布以两侧为主，要相互交错排列，有利通风透光（图 5-39）。

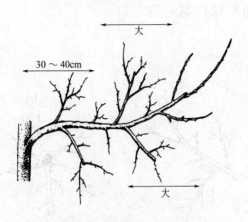

图 5-39 主枝上枝组的配置

四、枝组间距调整

枝组间距调整见图 5-40。

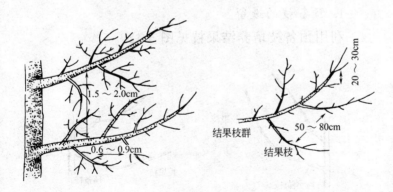

图 5-40 结果枝组

五、枝组形状控制

枝组形状控制见图 5-41。

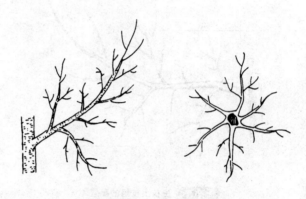

图 5-41 枝的生长空间分布

六、枝组更新

1. 预备枝的选留

利用预备枝培养结果枝见图 5-42。

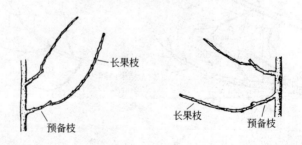

长果枝

预备枝

长果枝   预备枝

图 5-42 利用预备枝培养结果枝

2. 更新方法

（1）小枝组的更新见图 5-43。

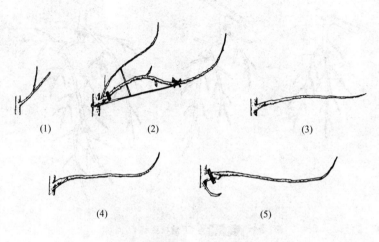

（1）　　　　　　　　　（2）　　　　　　　　　（3）

（4）　　　　　　　　　（5）

图 5-43　小枝组的更新

（2）大枝组的更新见图 5-44。

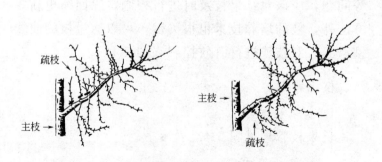

疏枝

主枝 →

主枝 →

疏枝

图 5-44　大枝组的更新

（3）下垂枝更新见图 5-45。

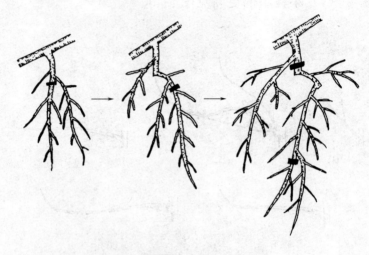

图 5-45　下垂枝更新

七、枝组的曲折培养技术

为避免结果枝大型化，造成树体密闭和花芽老化等问题，应该对结果枝及时进行控制，除回缩更新等方法外，枝的培养技术也很关键。可以通过枝的曲线型培养，对枝势进行有效控制（图 5-46）。

八、枝组管理

1. 长果枝管理

长果枝管理见图 5-47。

2. 短果枝管理

短果枝管理见图 5-48。

3. 结果枝的分区管理

结果枝的分区管理见图 5-49。

结果枝强大化

结果枝徒长化

图 5-46 结果枝的强大化与徒长化

图 5-47 长果枝管理

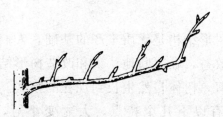

图 5-48 短果枝管理

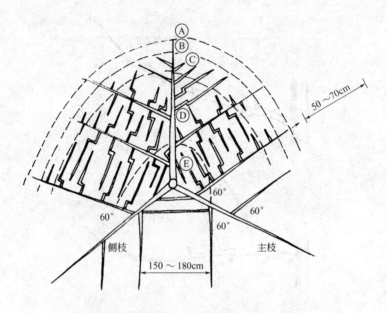

图 5-49 结果枝的分区管理

A—主枝延长头短截，保持旺盛的生长势；B—短果枝利用，注意结果过多；
C—中果枝、花流枝利用，稳定结果枝的培养；D—适当配置曲折枝，有计划
地进行侧枝更新；E—去除侧枝基部朝向主干生长的枝条

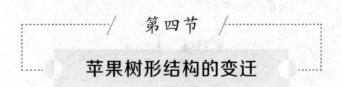

第四节

苹果树形结构的变迁

苹果树形结构是优质丰产的基础，人们为了获得最大经济效益，在不断地认识和改造树形结构，从最初的不修剪，树体自然生长到现在的模式。在树形改造上主要有以下几个特点，大冠变小冠，低树高，开心。

1. 我国主要树形结构变迁

我国主要树形结构变迁见图 5-50。

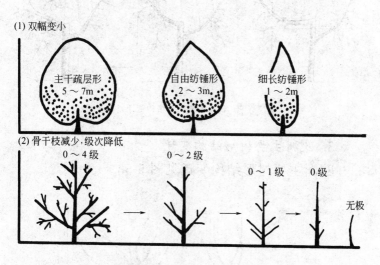

图 5-50 苹果冠形结构发展趋势

2. 日本主要树形结构变迁

日本主要树形结构变迁见图 5-51、图 5-52。

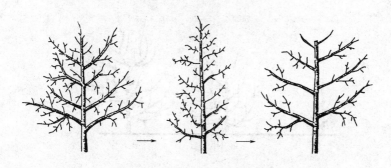

图 5-51 日本主要树形结构变迁（一）

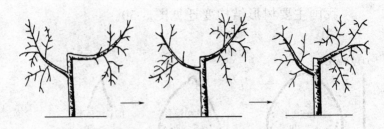

图 5-52 日本主要树形结构变迁（二）

3. 欧洲主要树形结构变迁

欧洲主要树形结构变迁见图 5-53。

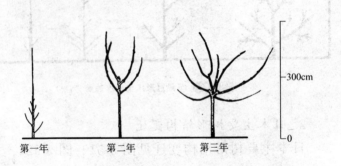

300cm

0

第一年　　　　第二年　　　　第三年

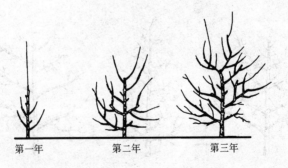

第一年　　　　第二年　　　　第三年

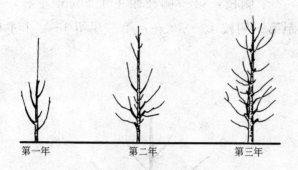

第一年　　　　　第二年　　　　　第三年

图 5-53 欧洲主要树形结构变迁

第五节

小冠疏层形整形修剪技术

一、树形结构

在密植条件下，树体变小，是疏散分层形的改良树形。减少了骨干枝的数量、层间距离和级次，控制树冠大小，以适用于短枝型、半矮化砧或生长量较小地区中等密度苹果栽培。

树体结构有中心干，直立或弯曲延伸，干高50cm 左右，全树 5～6 个主枝，分 2～3 层排列，第一、二层层间距为 70～80cm，第二、三层层间距为50～60cm；第一层 3 个主枝均匀分布，邻近或邻接，层内距 20～30cm，主枝基角 60°～70°，每个主枝上着生 1～2 个侧枝，第一侧枝距主干 50cm 左右，第二侧枝距第一侧枝 40～50cm；第二层留 1～2 个主枝（图 5-54）。

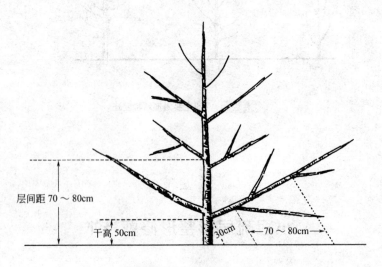

图 5-54 小冠疏层形树形结构

二、树形特点

该树形是在密植条件下对主干疏层形的压缩和改进，减少了骨干枝数量、层间距和级次。控制了树冠大小，以适用于短枝型，半矮化、生长量较小的地区中等密度栽植。该树形树冠紧凑，结构合理，骨架牢固，树冠内部光照条件好，生长结果均匀，高产优质，适合生长势较弱的短枝型品种半矮化树和生长势容易控制的地区，在烟台、威海地区的许多果园表现良好。但是在生长比较旺的地区，树冠很难有效地控制，树冠过大，容易形成全园郁闭，结果部位外移，产量和质量下降。

三、培养方法

1. 一年生苗木的修剪

（1）休眠期定干（图 5-55）

图 5-55 定干

（2）生长期 分枝力弱的品种、定干高度较高时，萌芽前后进行刻芽，以增加萌发新梢数，新梢长 30cm 左右时，对角度较小的分枝进行拿枝软化，开张角度，7~8 月重复一次，疏除树干上 50cm 以下的分枝（图 5-56）。

2. 两年生树的修剪管理

（1）休眠期 选择位置居中、生长旺盛的枝条作为中心主枝延长枝，留 50~60cm 短截。注意剪口芽的方位，一般向内。疏除角度小、过粗的竞争枝和分枝，选择 3 个方位好、角度合适、生长健壮的枝条作

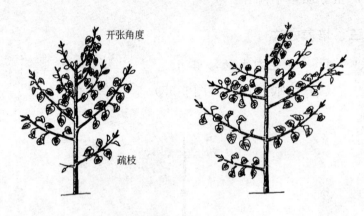

图 5-56 生长期管理

为三大主枝，留 50cm 短截，剪口芽一般留外芽。选择 1～2 个中庸枝作为辅养枝进行缓放，其余过密、过旺枝一律疏除，分枝力弱的品种、定干高度较高时，萌芽前后进行刻芽，以增加萌发新梢数量，新梢长 30cm 左右时，对角度较小的分枝进行拿枝软化，开张角度，7～8 月重复一次，疏除树干上 50cm 以下的分枝（图 5-57）。

（2）生长期　选择 1～2 个中庸枝作为辅养枝进行缓放，其余过密、过旺枝一律疏除，疏除竞争枝后，如只能选留 2 个主枝，则中心主枝延长枝的短截应稍重，一般可剪留 40～50cm，下一年再留第三主枝。辅养枝长放不短截。两年生树夏季修剪中心干上萌发的新梢，于夏秋开张角度

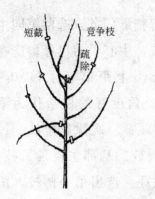
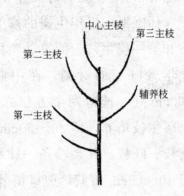

图 5-57　二年生树休眠期修剪

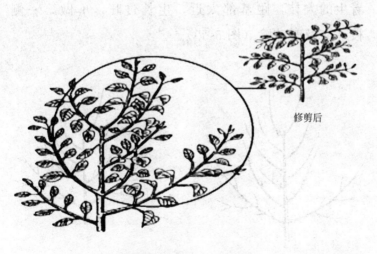

修剪后

图 5-58　两年生树生长期修剪

（图 5-58）。

3. 3～5 年生树的修剪管理

休眠期　三年生树的修剪整形任务：选留第四主枝和第一层主枝上的第一侧枝，中心干剪口芽留应在上年剪口芽的对侧，在中心干上距第 3 主枝 80～100cm 处，选留两个方位好、角度好的枝条作为第二层主枝培养，留 40～50cm 短截。疏除竞争枝、过密枝、旺枝，其余枝条一律缓放。基部主枝延长枝，留 40～50cm 短截，剪口留外芽。选出第一侧枝，留 30～40cm 短截。对主枝上的旺枝、大枝应疏除，使其单轴延伸，对第一年留下的辅养枝于 5 月下旬至 6 月上旬进行环剥、拉平，以促进花芽形成。主枝基部着生的大枝，距基部太近，生长过旺，不做第一侧枝，应及时疏除（图 5-59）。

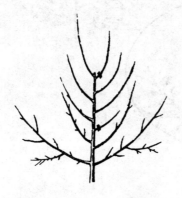

图 5-59　多年生树整形前后对比

4. 成龄树的修剪管理（图 5-60、图 5-61）

图 5-60　成龄树的树形结构

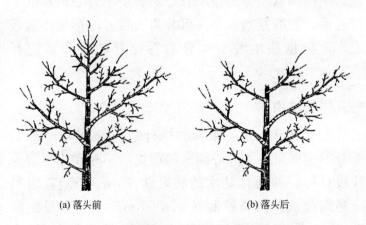

(a) 落头前　　　　　　　　　　　(b) 落头后

图 5-61　成龄树的"落头"

第六节

二主枝开心形树形和整形修剪技术

　　苹果二主枝开心树形起源于日本，该树形在日本被称为"高品质的苹果树形"。其树冠大、树龄长，主枝开张，枝条下垂结果。是目前苹果乔化栽培中，比较理想的树形。大冠开心形树结果寿命较长，通常可达 50 年以上。在日本青森地区，不少 40～60 年生的苹果树，仍然枝叶健旺，自然下垂，硕果累累。二主枝开心形苹果树形虽然整形周期长，结果较晚，但一旦进入盛果期，则树势中庸，枝组极易结果下垂，形成"披头散发"树形。不但光照好、产量高，而且品质优良，为苹果乔化栽培赢得了新的机遇。开心形根据干的高低可分为高干开心形、中干开心形和低干开心形，根据冠幅大小又可分为大冠开心形和小冠开心形，根据砧木类型可分为乔化开心形和矮化开心形。

一、树形结构

　　二主枝开心形苹果园的株行距一般为 5m×6m，充分的空间是培养开心树形的前提，不过在小树培养阶段可种一些矮化砧木的临时株（3m×5m），以利于早期收获。树高控制在 2.5～3m。开心形最终留两个主枝，每个主枝留 2 个侧枝，交错分布（图 5-62）。

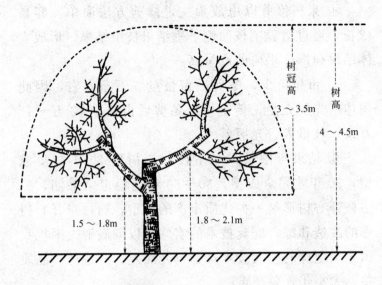

图 5-62 二主枝开心形树形结构

二、树形特点

日本的疏植二主枝开心形是一种不同于世界其他地方的优良树形。该树形易获得高品、多收效果，且便于果园作业。即使在土壤条件差的地域，树体衰弱缓慢，经济寿命长。与我国现有的树形相比，开心树形主要有以下几个优点。

① 干高、园内通风透光好，主干一般在 1.5m 以上，消除了下部的无效光区，增加了果园的通风透光能力。

② 无主干头，增加了内膛光照。

③ 永久性大主枝少，树冠一层，枝、叶、果全部见光，果实品质高。

④ 果树修剪以甩放为主，修剪方法简单，容易成花，通过培养主枝两侧下垂结果枝组结果，形成立体结果树形，果树的产量高。

⑤ 亩枝量少，冬剪后亩枝量 5 万条左右，因此树体的光照充足，传统树形冬剪后亩枝量 12 万～15 万条，枝量大、光照差。

⑥ 结果年限长，二主枝开心树形 20 年初步成型，30 年才完全成型，30～60 年是稳定结果期，二主枝开心树形是一种优质丰产的树型，通过对开心树形的改造和综合配套技术的实施可以彻底解决困扰我国苹果生产的四大技术难题：光照差、产量低、品质差、大小年现象严重。

三、培养方法

二主枝开心树形培养初期也经历主干形和分层形的过渡，不过由于目标是开心形，最终利用上部 2 个（或 3 个）大主枝结果，而不是利用下部 3 大主枝结果，所以整个树形的培养过程与我们传统的主干形、纺锤形、小冠疏层形等树形的修剪管理有很大差异。

培养一般可分为幼树期、过渡期、成形期 3 个时期，幼树期指 4～5 年生的树，这个时期按主干形整形；过渡期指 6～10 年生的树，这个时期按变则主干形整形，在这个时期已把树头去掉，中心干高度不再增加，维持 8 个主枝；成形前期（树龄 10～20 年）首先将主枝由 8 个减少到 2 个，然后在这

2 个主枝上初步培养出 4 个侧枝；成形后期（20
年生以后）按开心形整形，逐步培养出 2 个主枝
和 4 个侧枝，这个时期主要是不断更新结果枝组，
维持稳定的树形。

1. 幼树期的培养（主干形）

（1）选苗定干　选择粗壮健康的苗木种植，根系
较为完整，高度 1m 以上，苗木基部茎粗至少 1cm，
在 70～80cm 的高度选择饱满芽定干。

（2）年生小树的修剪管理　中心干留 40～60cm，
在饱满芽处进行短截，刺激新枝发生；将角度小、长
势强的枝条疏掉，这类枝条极性过强，任其生长会扰
乱树体结构，也不宜成花结果；对下部的中庸枝条剪
5～10cm，留外芽以利于开张角度，其中与中心干夹
角过小的枝条要进行拉枝，这些枝条都是临时收获
枝，通过轻剪缓放促进成花结果。

（3）年生小树的修剪管理　3 年生树的整形与 2
年生树相类似，中心干留 40～60cm，在饱满芽处
进行短截；将角度偏小、极性强的枝条疏掉，长
势中庸的枝条留外芽轻剪，小角度的枝条要拉枝；
对其下部 2 年生枝如主枝延长头竞争的枝条和背
上大的徒长枝也要疏掉，其他枝条一律甩放。当
树龄小时生长季尽可能不要修剪，以尽快扩大树
冠（图 5-63）。

（4）4～5 年生树的修剪管理　这个时期仍然按
照主干形整形，中心干继续向上延长，主干前端 1

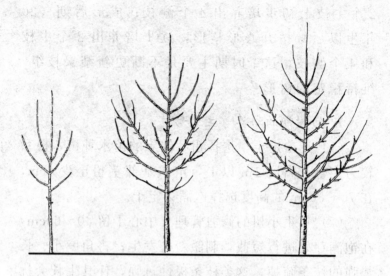

图 5-63 幼树期的培养

年生枝条的修剪同上，树高超过 2m 时，选留 8 个主枝在中心干上交错排列。主枝和侧枝的培养过程中要避免出现轮生枝，修剪完成后主枝和侧枝从基部看是一个下大上小的三角形。枝条修剪仍以甩放为主，下部的主枝延长头也尽量不再短截，疏掉徒长枝和与主枝延长头竞争的枝条（也可夏剪时进行）。

2. 过渡期的培养（变则主干形）

这个时期（6～10 年生树）主要是落头开心和主枝培养，当 8 个主枝形成以后（5、6 年生时）中心干就不再延长，这时要留一个小头，逐年逐步落头，以后每年对这个小树头去强留弱，抑制其长大。保留小头可以保护下部主枝不受腐烂病的侵害，也可以防止日灼，同时小树头也能挂果。树头下部主枝的直径达到主干的二分之一以上时就可以把树头全部去掉了；小树头也可以永久保留，但是绝不可以让它长大。在 8 个主枝当中选择 4 个主枝当作将来的永久性主枝来培养，这 4 个主枝成十字形排列，第 1 主枝距地面一般要在 1m 以上，其中第 1 主枝与水平面成 35°的夹角，第 2 主枝与水平面成 20°的夹角，保持一定的仰角可以增加主枝的高度，为将来培养下垂的结果枝组考虑。

3. 成形期整形（变则主干形—延迟开心形—开心形）

这个时期（10～20 生树）主要将主枝数目由 8 个减少到 2 个，并培养出主枝上的侧枝，首先用 5 年左右的时间将主枝数逐步减少到 4 个（从变则主干形到延迟开心形），再用 5 年左右的时间减少到 2 个（从延迟开心形到开心形）（图 5-64）。第 1 主枝距地面 1.5～1.8m，第 2 主枝距地面 1.8～2.1m，为维持主枝的生长势，在修剪时可对主枝延长头轻短截，留果时延长头部位不留果，当主枝（或侧枝）角度过大时要用支柱撑上。其他临时性主枝一律甩放，以结果为主，随着树龄的增大临时性主枝要逐步缩小。对于下部的临时性主枝由于内膛光照恶化要逐步疏除基部的枝条，使结果部位外移；对于中上部的主枝可以向外赶，也可以将枝头部位去掉留基部结果枝组结果，总之以不影响主枝的生长和光照为原则。在主枝 2m 左右的位置选留两个侧枝，这两个侧枝左右对称，生

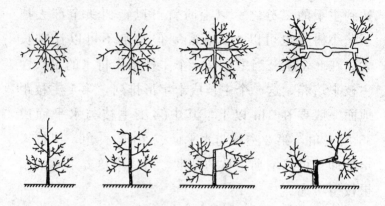

图 5-64 成形期树形培养步骤

长势强，斜向上生长，间隔 30～50cm，随着侧枝的长大，影响侧枝生长和光照的枝条都要去掉。20 年生后树形的管理：20 年后主要是侧枝的扩大和结果枝组的完善，树形完全形成后主要就是不断地更新结果枝组，维持树势。随着树冠的扩大，当侧枝相互影响时也要根据实地情况进行缩减，维持整个果园的通风透光条件。

4. 动态培养

二主枝开心树形的培养是一种动态的培养过程，随着树龄的增大，不断地调整树体结构。株数由多到少，大枝数从少到多，又从多到少，最后变成 2 个，结果枝组从密到稀，开始在临时性主枝上，最后集中到 4 个侧枝上，自始自终都维持着一种合理的结构参数。树高控制在 2.5～3m（图 5-65）。

图 5-65 开心形成年树的主枝和侧枝配置图

5. 二主枝开心形苹果的枝组培养

传统的有干树形通常以短截方式培养结果枝组，即使甩放的结果枝，成花后也通常回缩短截，结果枝轴长度以 0.2～0.5m 居多。而开心苹果结果枝的培养采用甩放的形式，结果母枝一经选留，将多年连续甩放，形成多次分级的结果枝组，一直延伸到果园地面，结果母枝的枝轴长度往往达 2m 以上，因此，结果枝轴的培养与形成是开心形树成功的关键。

（1）母枝选留　结果母枝在主枝及侧枝（或大型母枝）上均匀分布，平均间隔 15～20cm，同侧间隔距离 20～30cm。培养时母枝以侧生枝为宜，缺枝时可用背上或背下枝代替，或刻芽促萌。幼树期及过渡期应保持主枝的顶端优势，在主枝上面每隔 50cm 左右设一侧枝或大型母枝，以促进主枝呈扇形扩展（图 5-66）。

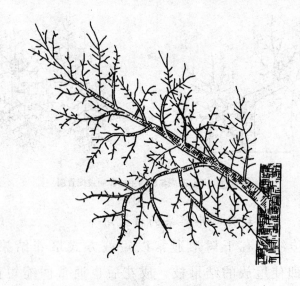

图 5-66　枝的着生示意图

（2）甩放结果　结果母枝选好后，可通过拉枝、拿枝等方法使其维持在 $50°\sim60°$，然后连续甩放。甩放的规律通常为一年出枝、二年成花、三年结果，其后自然下垂并连续结果，形成垂直延伸的结果枝轴（图 5-67、图 5-68）。

（3）枝组维持与更新　结果枝组主要依靠果台枝扩展，延伸并形成新的结果部位，良好均匀的光照是维持结果枝健旺发育的首要条件。通常在连续结果 $3\sim4$ 年后，在冬剪时开始枝组的复壮与更新，枝头过长或过于分散时，可回缩修剪以诱发新的延长枝，结果枝衰弱时可疏除，由新的果台枝代替（图 5-69）。

图 5-67 结果枝的着生示意图

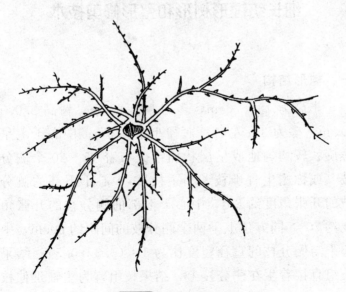

图 5-68 结果枝轴示意图

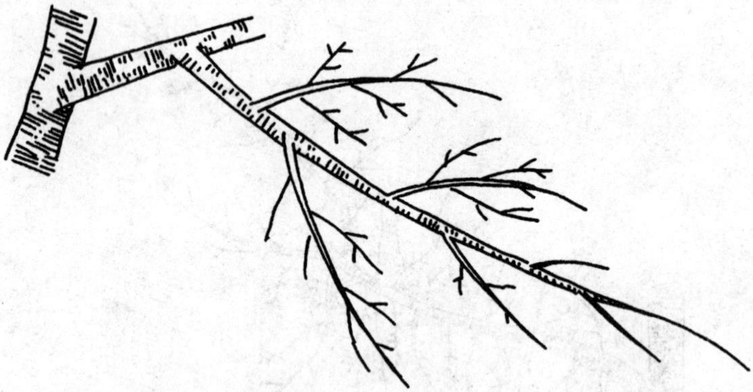

图 5-69 结果枝培养方法

第七节 细长纺锤形树形和整形修剪技术

一、树形结构

干高为 40～70cm，多为 50～60cm；树高 3.0～3.5m，多为 3m 左右；冠径小于 2.0m；中心干上呈螺旋状较均匀地或呈层状插空分布着 15～20 个侧分枝（或称侧生骨干枝、小主枝），中心干下部的侧分枝的开张角度约 80°，中心干上部的侧分枝的开张角度约 70°，同方位上下两个侧分枝的间距约 60cm，中心干与侧分枝的直径粗度比为 1∶(0.3～0.5)；结果枝组直接着生在侧分枝上，结果枝组宜为主轴延伸枝组（由不同长度、粗度的发育枝连续捋枝、长放、目伤培养而成），侧分枝两侧和侧下方的枝组较大，侧上方和背上的枝组较小，侧分枝与结果枝组的复合形态以近似雪松枝状为佳，侧分枝与结果枝组的直径粗度小于1：0.35（图5-70）。

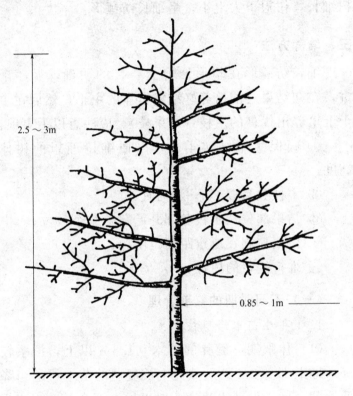

2.5～3m

0.85～1m

图 5-70 细长锤形树形结构

二、树形特点

细长纺锤形适合每亩栽树 83～133 株（行距2.5～4.0m，株距 2m）的密植栽培。树高 2～3m，冠径 1.5～2.0m，树形特点是在中央领导干上，均匀着生实力相近、水平、细长的 15～20 个侧生分枝，要求侧生分枝不要长得过长且不留侧枝，下部的长 1m，中部的长 70～80cm，上部的长 50～60cm 为宜。主干延长枝和侧生枝自然延伸，一般可不加短截。全树细长，树冠下大上小，呈细长纺锤形。

三、培养方法

细长纺锤形在整形修剪上要目的明确，循序渐进，在初结果之前培养好结实牢靠的主干，然后在主干上培养出优良的主枝（结果枝）。应注意以下事项：

① 确保主干结实牢靠，以便维持理想的树体高度；

② 主枝数目以 20～30 为宜；

③ 结果部位从主枝基部开始覆盖整个枝位；

④ 树幅控制在所定距离范围内；

⑤ 维持健壮的树势。

（一）不同时期的修剪管理

1. 1 年生苗木修剪技术

（1）休眠期　健壮的苗木（1.5m 以上，根系较好）地上部 1.2m 处短截，生长瘦弱的苗木可适当降低短截高度，但剪去长度一般以地上部全长的 1/4 为宜（图 5-71）。

（2）生长期

① 苗木离地表 50cm 以内的芽，自发芽开始抹除（5～7 月）。

② 顶芽生长至 15～20cm，靠近顶芽的 1～3 芽

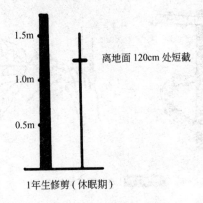

1.5m

离地面 120cm 处短截

1.0m

0.5m

1年生修剪（休眠期）

图 5-71 **1 年生修剪（休眠期）**

萌生的新梢，基部少量残留后剪去。这样能够促生下部芽长出生长势缓和、角度大的主枝（5 月下旬至 6 月上旬）。

③ 主枝数目不足的树，可喷施 BA 生长调节剂促发新梢（6 月上旬至下旬）。

④ 部位过低的枝条，可进行交叉处理。

⑤ 直立枝生长停滞后拉水平（8 月上旬至 9 月上旬）。

⑥ 来年剪除的枝无需要拉枝，对弱枝进行拿枝处理（6 月下旬至 7 月上旬）（图 5-72）。

⑦ 中心干新梢扶绑固定。

2. 2 年生树修剪和管理

（1）休眠期（图 5-73）

① 选留中心干心枝顶端最强枝梢；

② 与中心干延长头竞争强的主枝（主干直径 1/3 以上）、过长的主枝（40～50cm 以上）留 2～3 芽

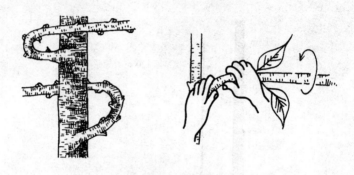

图 5-72 生长期拿枝处理

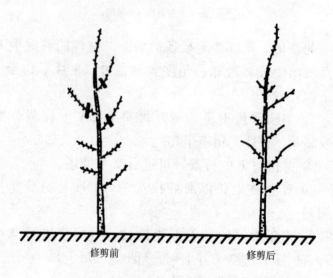

修剪前　　　　　　　修剪后

图 5-73 2 年生树修剪

（5cm 左右）剪除。但是，中心枝生长不良以及主干容易光秃的品种、主枝容易旺长的品种，长 20cm 以上的枝，全部选留基部 2～3 芽短截。

ⓐ 中心延长枝一般不短截。

ⓑ 与中心枝竞争强的枝，留基部 2～3 芽短截。

ⓒ 中心枝生长旺盛，可在枝条下半部刻芽，促发新枝。

ⓓ 心枝一般不修剪，如遇上心枝生长弱的情况，以及易发生裸枝的品种，可轻短截。另外，生长旺盛的心枝不打头，可在枝的下部刻芽促发新枝（图 5-74）。

①芽上部0.5cm左右处，如图 (a) 倒 U 字形刻芽，这种方法适合专用刻芽工具。

②如没有专用刻芽工具，可用小刀或者锯如图 (b) 的方法刻芽。

③休眠期刻芽萌芽率高

(a)　　　　(b)

图 5-74　刻芽

ⓔ 主枝数目少的场合，选择需要出枝的位置的芽进行刻芽，上一年拉的枝或者拉枝不彻底的枝，进行水平程度拉枝。主枝一般不打头，容易出现光秃枝和弱枝的情况，可打头，距离地表面 50cm 以下的枝剪去。

（2）生长期

① 离地表 50cm 以下的芽自萌芽开始，从基部抹除（5～7 月）。

② 顶芽生长至 15～20cm 时，靠近顶芽附近的 1～3 芽发出的新稍，基部留桩剪除（5 月下旬至 6 月

上旬）。

③ 顶梢及主枝腋花芽所结果实全部疏除（5～6月）。

④ 主枝数不足，顶梢或者主枝长度不足的部位，叶片喷施 BA 生长调节剂（6月上旬至7月下旬）。

⑤ 直立枝（新稍）生长停止后，水平拉枝（8月上旬至9月上旬）。下一年需剪除的枝可不拉枝，弱枝拿枝处理（6月下旬至7月上旬）。

⑥ 顶梢进行扶绑（9月以后）。

3. 3 年生树的修剪和管理

该阶段树体骨架基本形成，主干年龄 1～3 年生，修剪也要随之变化。

（1）休眠期

① 主干 1 年生部位：顶梢修剪与上一年相同；顶梢一般不打头，易出现光秃的品种，可轻打头。

② 主干 2 年生部位：与顶梢竞争强的主枝（主干粗度 1/3 以上）和过长的主枝（40～50cm 以上）基部留 2～3 芽（5cm 左右）剪除。但是，心枝的延伸劣质化、主干裸枝化容易的品种、主枝大型化容易的品种、枝长超过 21cm 以上的枝全部留基部 2～3 芽短剪。主枝数少的情况，可以在希望发枝的部位刻芽补充。上一年拉的枝，或者拉枝不彻底的枝，进行水平程度拉枝。主枝一般不打头，容易出现光秃枝和弱枝的情况可打头。

③ 主干 3 年生部位：生长大型化的主枝（主干 1/2 以上粗度）留 2～3 芽（5cm 左右）短截，粗度

1/2 以下的主枝，如较为直立，水平角度诱引，长度超过 60cm 以上的枝，水平以下的角度强诱引，剪去近地表低于 50cm 以下的枝。

（2）生育期

① 离地表 50cm 以下的芽自萌芽开始从基部抹除（5～7 月）。

② 顶芽生长至 10～20cm 时，邻近下位 1～2 芽发出的新梢，残留少量基部剪去（5 月下旬至 6 月上旬）（图 5-75）。

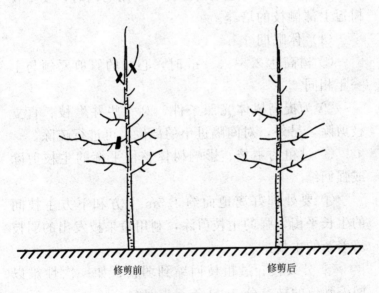

修剪前　　　　　修剪后

图 5-75　生育期修剪

③ 树势强、主枝数多的情况，可适当留果，反之，果实全部摘除（5～6 月）。

④ 直立角度小的新梢，停长后水平角度诱引（8 月上旬至 9 月上旬），临时性枝、来年剪除的枝，无

需诱引，弱枝采用拿枝软化（6月下旬至7月上旬）。

　　⑤ 与2年生主枝的主轴的延长枝竞争的枝以及直立枝，超过20cm的枝，留2～3片叶短剪（8月至9月上旬）。

　　⑥ 顶梢进行扶绑（9月后）。

　　4. 4～6年生的修剪管理

　　一般这个时期，是树形基本接近细长纺锤形目标，主枝大型化、相互作用备受关注的时期，因此，在留意树冠下部的主枝的选择和利用的同时，要重视树冠上部侧枝的培养。

　　（1）休眠期

　　① 树高达2.5～3.0m时，心枝的修剪要领与上一年相同。

　　② 为提高树体光照条件，对一些并生枝、直立枝剪除，另外，对间隔过小的部位，可进行疏除。

　　③ 过粗的主枝、影响树体整体平衡的主枝剪除或强回缩。

　　④ 要处理好离地面约1.5m上方和下方主枝间的生长平衡，强的主枝剪除，利用短果枝发出的弱枝培养新的主枝。

　　⑤ 分叉枝、过粗枝回缩到弱枝；如一次性难以回缩到位的枝，分2～3年逐步回缩。

　　（2）生长期

　　① 4年生时，顶芽结果、心枝的腋花芽结果的场合，果实疏除（6月）。

　　② 主枝上着生的20cm以上的直立枝短剪（8月上旬至9月上旬）。

③ 主干上着生的新梢用作主枝使用时要进行拿枝（6月下旬至7月上旬）或者诱引（8月上旬至9月上旬）。

④ 着果过多的枝，用绳子牵引，防止枝条下垂和被折断（8～9月）（图5-76）。

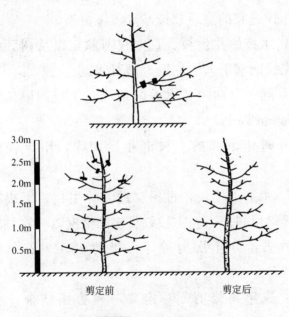

剪定前 　　　　　剪定后

图 5-76 多年生树剪定

5. 7年生以上的修剪管理（树形完成后）

此期，树形培养基本完成，进入盛果期。树冠逐渐变大，枝的交叉变得越来越明显，树势衰弱的迹象开始出现。因此，在进行细长纺锤形整形的同时，树势不可忽视，开始对主枝进行更新。

① 心枝适当剪切，结果部位维持在 2.5～3m。

② 主枝结果部位长度控制在 85～100cm（4m×2m 栽植），如超过该长度，和相邻树发生交叉严重的情况下，对主枝进行回缩。

③ 树体上部（1.5m 以上）的主枝生长过大时，下决心剪除，用弱枝更新。另外，基部有更新枝的情况，选择适宜的更新枝按基准实施更新。

④ 主枝的并生枝、直立枝剪除，以从树顶部到基部光线能够射入为原则，预留间隔。

⑤ 同一方向主枝重叠的情况，主枝间隔应该保持在 50cm 以上。

⑥ 树体下部的主枝老化后切除，用年轻的枝代替。

⑦ 和主干比较，过粗、过大的主枝，下决心剪去，剪口留斜面。大主枝数目多的情况，一次性难以全部剪去，分年次剪除，每年剪去 1～2 个主枝（图 5-77）。

⑧ 成年树修剪，一定要与树势相结合，弱树修剪强，强树修剪弱，同时要防止树势衰弱（图 5-78）。

⑨ 整株树树势强，可对主干进行环割处理；如全树树势适合，只有部分枝较强，可仅对该强枝进行环割处理。

⑩ 主枝不足的树，4 月下旬左右，可在主干的裸枝部位，通过嫁接进行补充；树势强，接芽朝下，

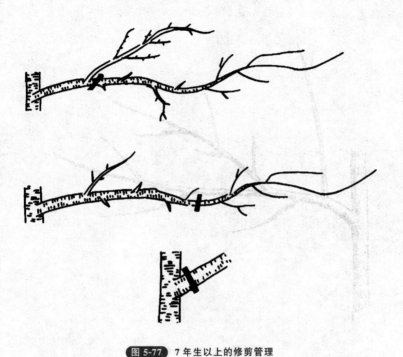

图 5-77　7 年生以上的修剪管理

树势弱，接芽朝上。嫁接后的管理与普通高接管理相同（图 5-79）。

（二）成年后树体过大的对策

富士等树体生长过大后，冠幅栽植距离内难以容纳时，可进行隔株间伐。间伐后在树形上改为变则主干形或者自由纺锤形（树幅比细长纺锤形宽大、下部主枝大型化、形成骨干枝）相类似的形状。在这种情况下，将一定数目的主枝作为骨干枝进行培养，一些成龄枝可配置侧枝。另外，主枝生长幅度，列方向延伸长，行间方向延伸短，上部的枝不要过大，最下部

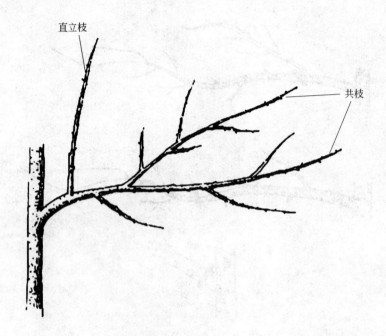

直立枝

共枝

图 5-78 直立枝和共枝的管理

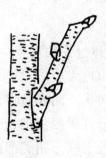
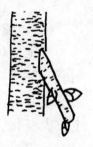

图 5-79 嫁接补枝

主枝，利用地面 1m 以上发出的枝为宜。上下主枝间隔，在考虑光照的前提下，相同方向场合，间隔 1m 空间。作为主枝利用的枝，对一些带来不利影响的强旺主枝，要及时去强势，避免一次性剪除，为维持树势的稳定，可分年度逐步剪除。树形列向宽，行向窄，行向侧易受台风的影响，容易倒伏，应设立结实的支柱固定。

（三）生长过高树的管理

生长过高的树，遇强风，容易出现落果、倒伏、折损等危害，另外，果园作业性变差。因此，树高应控制在 2.5～3m 为宜。过高的树剪切后，栽植距离内容纳不下的情况较多，这时，应该采取隔株间伐（图 5-80），选留下来的树，主枝在列向上有充足的生长空间，在控制好树势的前提下，

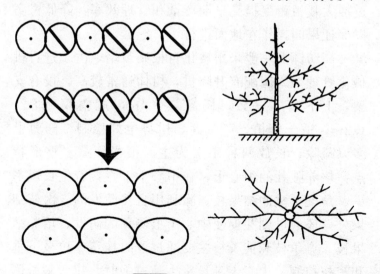

图 5-80　树体过大的间伐

降低树冠高度。

第八节

高纺锤形树形和整形修剪技术

一、树形结构

在 20 世纪 80~90 年代，北欧苹果园应用最多的树形是细长纺锤形，而南欧、北美和新西兰苹果园应用最多的树形是直立干形。直到 20 世纪 90 年代末期，世界各国才开始把这几种树形综合为一种称为高纺锤形的新树形。此种树形不留永久骨架枝，树形紧凑，以 1968 年提出的细长纺锤形为基础，目标是通过加大栽植密度提高早期产量和管理效率，降低树高以保证果园操作在地面进行。

高纺锤形一般采用矮化自根砧栽培，由于进行机械化管理，果园配有升降机，树体通常较高，设有支架，上下基本一致，树高 3~4m，冠幅仅 0.8~1.2m，适于密植，产量高，树势也好控制。修剪上多以疏除、长放两种手法为主，很少短截。整形特点：培养强壮的中心干，在中心干上直接着生长短不一、角度下垂的结果枝。除利用自然萌发的二次枝结果外，还通过刻芽促使中心干上侧芽的萌发，培养结果枝。竞争枝和徒长枝主要通过及时抹芽、拉枝下垂和疏枝控制。中心干延长头生长过强时，拉弯刺激侧枝萌发，再以花缓势，以果压冠，所以中心干的上部以结果枝为主，着生在中心干上的结果枝过大过粗时，多以疏除处理。

1. 栽植密度

在国外，高纺锤形果园的密度，株行距多为(0.9～1.3)m×(3～3.2)m。合适的栽植密度由品种长势、砧木长势及土壤肥力来决定。长势强的品种应选用矮化作用强的砧木，采用较大的株行距栽植；长势弱的品种应采用矮化作用弱的砧木，较小的株行距栽植。行距在坡地为 3.6～3.9m，在平地为 3～3.3m。在我国由于土质较差，果农管理水平不高，建议栽植株行距为（1.3～1.5）m×（3.5～4）m，每 $667m^2$ 栽植 111～170 株。

2. 砧木选择和苗木质量

（1）砧木选择　国外多数采用高纺锤形成功的果园都应用矮化砧木 M9 或 B9。在矮化砧木 M9 系列内，不同株系生长势有明显差异。长势较弱的株系尤其适合长势强的品种或栽植在未栽过果树的土壤上；长势较强的株系更适合再植果园或用长势弱的品种建园。在我国初步建议肥水条件好、生长势旺的品种，如富士可以栽植 M9 砧木；肥水条件好、生长势弱的品种，如嘎拉可以栽植 M26 砧木。肥水条件一般，可冬灌 1 次的地区，可以栽植 M26 砧木或 SH6、SH38 等矮化砧木。旱地和早春易抽条的地区，栽植 SH 系的 SH6、SH38 等矮化砧木。寒冷地区，栽植富士不易过冬，可以选择 GM256 矮化砧木，与短枝寒富作组合。

(2) 苗木质量　高纺锤形的一个必要条件是栽植多分枝的苗木。国外高纺锤形依靠第 2 年和第 3 年的显著产量来获得这个树形经济上的成功。建议在建立高纺锤形果园时，苗木粗度不低于 1.6cm，有 10～15 个位置合适且不超过 30cm 的侧枝，第 1 侧枝距地面不少于 80cm。我国矮化育苗以 2 年生苗为主，一般苗高 1～1.4m、粗 8～10mm，与国外苗木质量无法相比。改进的方法是选用 2 年生苗木建园，在饱满芽处定干，促进生长，估计当年冬季小树高 1.5m 以上，干粗 1.5cm，把这样的树当成国外的 3 年生苗木看待。

二、树形特点

高纺锤形为欧洲广泛采用的树形，一般采用矮化自根砧栽培，由于进行机械化管理，果园配有升降机，树体通常较高，设有支架，上下基本一致，树高 3～4m，冠幅仅 0.8～1.2m，适于密植，产量高，树势也好控制。修剪上多以疏除、长放两种手法为主，很少短截。整形特点：培养强壮的中心干，在中心干上直接着生长短不一、角度下垂的结果枝。除利用自然萌发的二次枝结果外，还通过刻芽促使中心干上侧芽萌发，培养结果枝。竞争枝和徒长枝主要通过及时抹芽、拉枝下垂和疏枝控制。中心干延长头生长过强时，拉弯刺激侧枝萌发，再以花缓势，以果压冠，所以中心干的上部以结果枝为主。着生在中心干上的结果枝过大过粗时，多以疏除处理。

该树形修剪量最小，树定植后只需要很少量生长就可填满生长空间，所以也就不需要太多的修剪，修剪只限于去掉主干上的几个较大的侧枝。原则上，超过主干直径 1/2 的侧枝需从基部去除。主要有以下一些特点：

① 较薄的圆锥形树冠；

② 无永久分枝（分枝更新修剪，即除去直径大于 2cm 的分枝）；

③ 呈柱形，简单的结果枝；

④ 早期产量高，品质上乘；

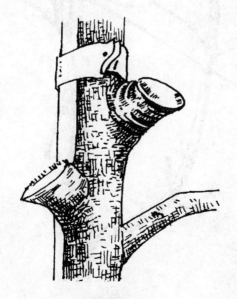

图 5-81　斜剪法

⑤ 简化修剪内容，提高劳动效率。休眠期的半机械化修剪可降低 30％～40％ 劳动力成本。

三、培养方法

（一）整形修剪要点

① 千万不要短截主枝或侧枝；

② 采用斜剪法剪除与主枝竞争的侧枝（图 5-81）；

③ 在定植时或七月份将 5～8 根侧枝引缚压低至水平状态以下（图 5-82）；

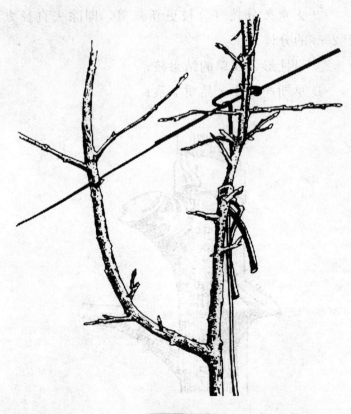

图 5-82 压枝

④ 剪除垂直角度狭小的分枝（图 5-83）；

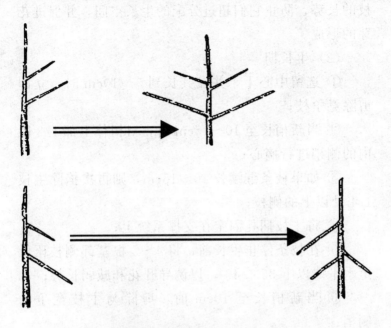

图 5-83 分枝角度对树体生长的影响

⑤ 剪除直径超过主枝直径 1/2 的侧枝；

⑥ 剪除长度超过 60cm 的侧枝；

⑦ 谨记"枝粗树大"：大型的分枝会向树干和根系输出大量碳水化合物，"大枝造大树"；

⑧ 剪除直径超过 2cm 的分枝。

（二）不同时期的修剪管理

1. 定植后 1 年的修剪管理

（1）休眠期 栽植当年后不再短截，引缚压低长势旺盛的侧枝并剪除前一年漏剪的粗壮侧枝，第一年向上生长的侧枝需压到水平线以下，以降低其长势，也可使用橡皮筋或绳子把枝条绑起来，拉弯以控制树枝的长势，防止它们超过分配的生长空间，并促进花芽的形成。

（2）生长期

① 选留中心干，并在其长到 5～10cm 时，立即剪除竞争枝；

② 当新梢长至 10～15cm 时，对树体上部 1/3 段内的侧梢进行摘心；

③ 如果枝条继续长 10～15cm，则再次掐除主枝 1/4 处以上的侧枝；

④ 将主枝捆扎固定在支撑系统上；

⑤ 在枝条停止生长前，将 4～5 根基部侧枝压低至水平线以下 35°～40°，以诱导开花和减弱长势；

⑥ 当新梢长至 10cm 时，剪除与主枝竞争的侧梢；

⑦ 抹除 60cm 以下的基部所有萌芽，这可以将多余的生长势依次转移到侧枝和主枝。

2. 2 年生树的修剪管理

（1）休眠期

① 主枝不短截，剪除长度超过 0.6m 且伸展至邻近果树或直径超过主枝直径 1/2 的侧枝；

② 谨记“枝粗树大”；

③ 主枝不短截；

④ 分枝不短截；

⑤ 采用斜剪法剪除与主枝竞争的侧枝及所有的分枝和短枝，保留 1.25cm 长的短橛；

⑥ 剪除垂直角度狭小的侧枝；

⑦ 剪除直径大于主枝直径 1/2 的骨干枝（图 5-84）。

图 5-84　休眠期修剪管理

（2）生长期

① 当新梢长至 10～12.5cm 时，对树体上部 1/4 段内的侧梢进行摘心；

② 当二次梢长至 10～12.5cm 时，再对树体上部 1/4 段内的侧梢进行摘心；

③ 将主枝捆扎固定在支撑系统上。

3. 3～4 年生修剪管理

（1）休眠期

① 主枝不短截；

② 采用斜剪法剪除与主枝竞争的偶生侧枝，包括垂直角度狭小的侧枝；

③ 直径超过主枝直径 2/3 的侧枝，应剪除；

④ 当侧枝所占空间过大，与整个树失去平衡时，须从基部去除；

⑤ 枝干更新会用标准的"斜剪"，以促使新生侧枝成为结果枝（图 5-85）；

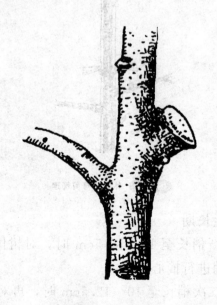

图 5-85　斜剪法剪枝

⑥ 没有永久性的侧枝，高纺锤的结果枝可保留
3～6 年，但不会成为永久性的骨干枝（图 5-86）。

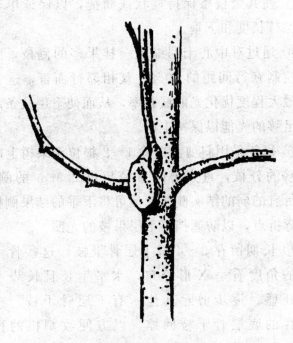

图 5-86 侧枝保留与更新

（2）生长期

① 当新梢长至 10～12.5cm 时，如果您站在地上
仍然可以触及这些枝条，则对树体上部 1/4 段内的侧
梢进行摘心；

② 在七月份，将下层的侧枝引缚压低呈水平
状态。

4. 成龄树管理

① 通过将主干回缩到在适当高度的结果枝来限

制树体高度。

② 每年去除 2～3 个直径大于 2cm 的枝条。

③ 使其余枝条保持柱状或简捷，以保证单轴延伸，保持长度和下垂。

④ 通过对中心干回缩至一挂果多的侧枝，而将树高控制在行间距的 90%。就相邻行而言，这一高度可最大程度优化光能截获率，从而使下层枝条能够获得足够的光能以保持丰产。

⑤ 每年采用斜剪法剪除 1～2 根位于果树上部长势旺盛的分枝，重点剪除直径超过 2.5cm 的侧枝。保留所有的弱的结实侧枝；但可将下垂的结果侧枝回缩至弯折点，以防遮挡了下层果枝的光照。

⑥ 长期留存 3～4 根下层骨干枝，这些骨干枝从行的角度看呈 X 形分布，水平生长且长势不会过于旺盛。逐步剪除其他所有下层骨干枝。将长期留存的底层骨干枝回缩，以方便收割机的行驶活动。

四、树形培养注意事项

① 最大的错误在于最初分枝未能下拉；

② 幼树期间舍不得去大枝，形成下大上小树形结构；

③ 没有尽快使树体生长至 3m 高；

④ 2～4 年的树体过度负载；

⑤ 树体成年后侧枝过大；

⑥ 中心干上下粗细差异大。

第九节

苹果树冬季修剪

一、冬季修剪常用方法

1. 短截

（1）短截的种类（图 5-87）

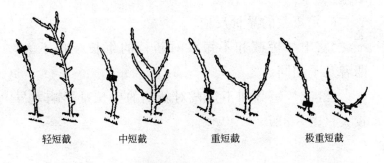

轻短截　　　中短截　　　　重短截　　　极重短截

图 5-87 短截的种类

① 轻短截：只剪去枝条顶端部分，留芽较多，剪口芽较壮的芽，剪后可提高萌芽力、抽生较多的中、短枝条，对剪口下的新梢刺激作用较弱，单枝的生长量减弱，但总生长量加大，发枝多，母枝加粗快，可缓和新梢生长势。

② 中短截：在枝梢的中上部饱满芽处短剪，留芽较轻短剪少，剪后对剪口下部新梢的生长刺激作用大，形成长、中枝较多，母枝加粗生长快。

③ 重短截：在枝梢的下部短剪，一般剪口下留

1～2稍壮芽，其余为瘦芽，留芽更少，截后刺激作
用大，常在剪口附近抽1～2个壮枝，其余由于芽的
质量差，一般发枝很少或不发枝，故总生长量较少，
多用于结果枝组。

④ 极重短截：又称留橛修剪、短枝型修剪。在
春梢基部1～2个瘪芽（或弱芽）处剪，修剪程度重，
留芽少且质量差，剪后多发1～2个中、短枝，可削
弱枝势，降低枝位，多用于处理竞争枝，培养短枝型
结果。

（2）短截的品种反应

‘富士’短截和不短截对新梢的生长影响不大，
两者几乎相同。

‘红玉’短截和不短截对新梢的生长量影响差异
较大（图5-88）。

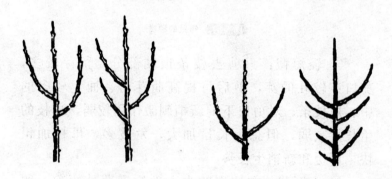

图5-88 富士（左）与红玉（右）的短截反应

（3）短截的芽位反应（图5-89）

（4）短截对新梢发育的影响（图5-90）

图 5-89　不同芽位的短截修剪反应

图 5-90　短截对新梢发育的影响

2. 疏枝

（1）疏枝方法　将枝条从其基部剪除的剪枝方法（图 5-91）。

（2）疏枝的刺激作用（图 5-92）

3. 回缩

（1）回缩方法　剪去多年生枝条的一部分，或在多年生枝条上短剪。缩剪可用于多年生的骨干枝、结果枝组、辅养枝等。缩剪具有复壮和抑制两种作用。

疏病枝

疏无用枝

疏大枝

疏花

疏竞争枝

图 5-91 疏枝

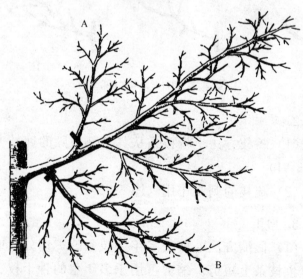

A

B

图 5-92 不同位置枝条的疏除及刺激作用

（A 枝疏除的刺激作用比 B 枝大）

缩剪冗长的多年生枝，对剪口下部有复壮作用；缩剪多年生枝的下垂枝段到背上枝处，对其也有复壮作用。缩剪树冠中较强的骨干枝和辅养枝到中庸枝处，对其有抑制作用（图 5-93）。

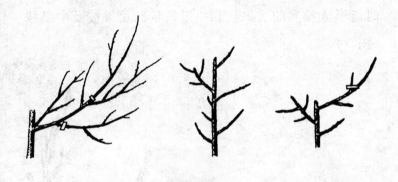

图 5-93　回缩

（2）适宜回缩位置（图 5-94）

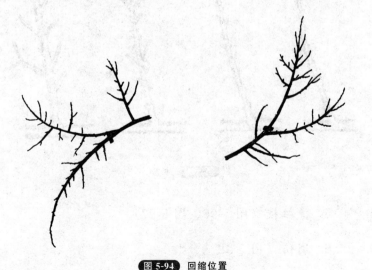

图 5-94　回缩位置

4. 长放

长放方法为对 1 年生枝保留自然长度、不剪的措施。1 年生枝连续长放 1～4 年，在第 1～2 年时能形成较多的长果枝和一定数量的中果枝，在第 3～4 年时能形成较多的短果枝和一定数量的长果枝及中果枝（图 5-95）。

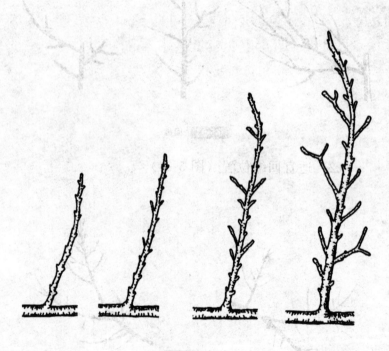

图 5-95 长放

5. 撑拉枝（图 5-96、图 5-97）

6. 刻伤（图 5-98）

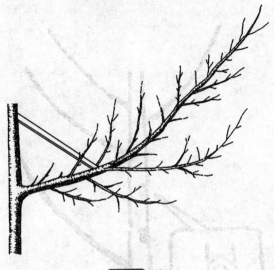

图 5-96　撑枝

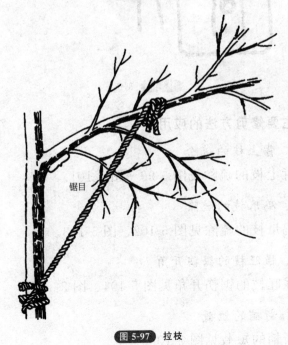

锯目

图 5-97　拉枝

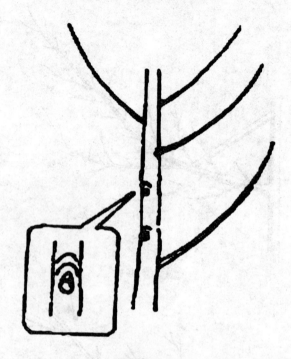

图 5-98 刻伤

二、主要修剪方法的应用

1. 背上枝的疏除

背上枝的疏除见图 5-99～图 5-101。

2. 鸡爪枝的疏除

鸡爪枝的疏除见图 5-102、图 5-103。

3. 强旺枝的锯伤开角

强旺枝的锯伤开角见图 5-104、图 5-105。

4. 新梢的短截

新梢的短截见图 5-106。

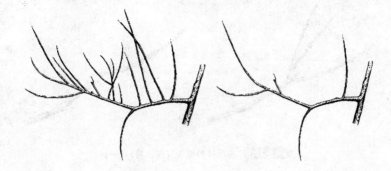

图 5-99 背上枝的疏除（前、后）（一）

图 5-100 背上枝的疏除（前、后）（二）

图 5-101 背上枝的疏除（前、后）（三）

图 5-102　鸡爪枝的疏除（前、后）（一）

图 5-103　鸡爪枝的疏除（前、后）（二）

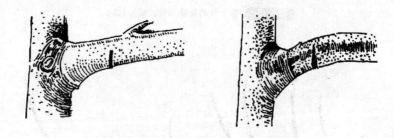

图 5-104　强旺枝的锯伤开角（一）

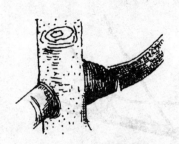
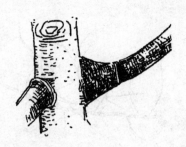

图 5-105 强旺枝的锯伤开角（二）

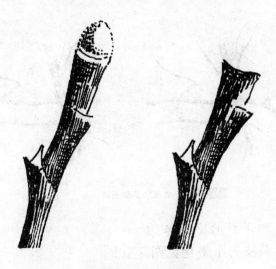

图 5-106 新梢的短截

5. 背上枝的利用

背上枝的利用见图 5-107。

6. 大枝的疏除更新

大枝的疏除更新见图 5-108。

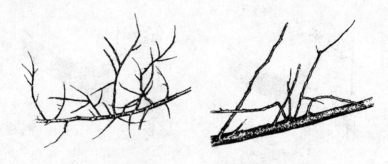

图 5-107 背上枝的利用（前、后）

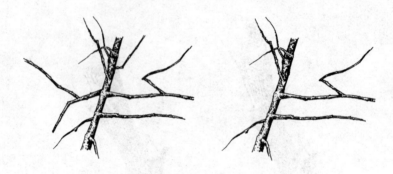

图 5-108 大枝的疏除更新（前、后）

7. 结果枝的小型化

结果枝的小型化见图 5-109。

8. 果台枝的修剪

果台枝的修剪见图 5-110。

9. 背上枝的利用（防止日烧）

背上枝的利用（防止日烧）见图 5-111。

10. 强侧枝的剪除

强侧枝的剪除见图 5-112、图 5-113。

图 5-109　结果枝的小型化（左、右）

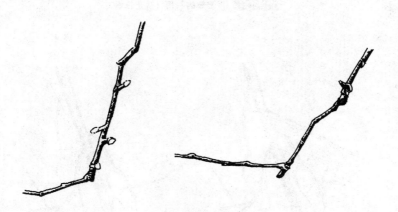

图 5-110　果台枝的修剪

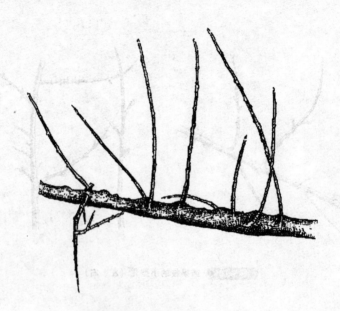

图 5-111 背上枝的利用（防止日烧）

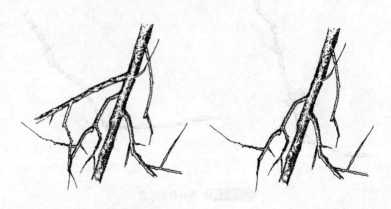

图 5-112 强侧枝的剪除（前、后）（一）

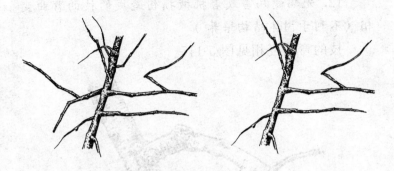

图 5-113 强侧枝的剪除（前、后）（二）

11. 预备枝的选留

预备枝的选留见图 5-114。

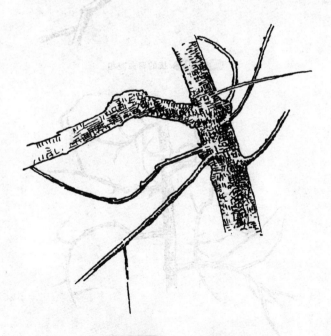

图 5-114 预备枝的选留

12. 先端受病害或者机械损伤造成的枝的弯曲变相（不利于树体结构培养）

枝的弯曲变相见图 5-115。

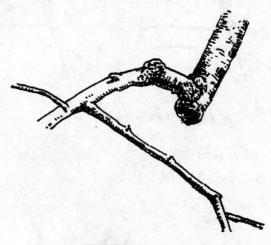

图 5-115 枝的弯曲变相

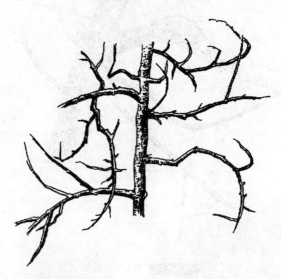

图 5-116 控制树体生长平衡（右侧较为合理）

13. 树体生长平衡控制

控制树体生长平衡见图 5-116。

/ 第十节 /

苹果树夏季修剪

夏季修剪主要指新梢旺盛生长期进行的修剪。根据目的及时采用相应的修剪方法，才能收到较好的调控效果。夏季修剪的关键在于"及时"。夏季修剪对树生长抑制作用较大，修剪量应从轻。

一、夏季修剪常用手法

夏季修剪的主要方法：花前复剪、刻牙（刻伤、目伤）、抹芽、除萌、疏梢、摘心、环剥、扭梢、拿枝（捋枝）、拉枝、曲枝和断根等。

1. 拉枝

拉枝见图 5-117。

2. 环剥、环割

环剥是将枝干的韧皮部剥去一环，环割、倒贴皮、扒皮都属于这一类（图 5-118～图 5-120）。此外，枝干缚缢也有类似作用。

3. 摘心和剪梢

摘心和剪梢见图 5-121。

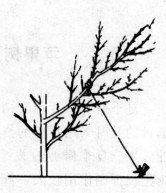

图 5-117　拉枝

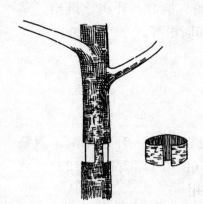

图 5-118　环剥、环割（一）

图 5-119 环剥、环割（二）

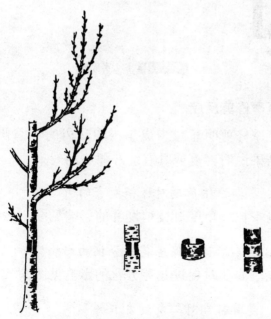

图 5-120 环剥、环割（三）

第二摘心处

第一摘心处

图 5-121 摘心和剪梢

二、夏季修剪反应

夏季修剪明显减少成年树和幼树的冬季修剪量，这一结果说明：夏剪具有缓和树势的效果。

1. 夏季拉枝角度对枝梢发育的影响

夏季拉枝角度对枝梢发育的影响见图 5-122。

2. 夏季修剪对促进花芽分化的影响

夏季修剪对促进花芽分化的影响见图 5-123。

3. 夏剪时期对二次枝发育的影响

夏季修剪剪除的新梢一般为冬季时应该去除的枝梢，夏剪早，二次枝生长充实健壮，比不夏剪的新梢

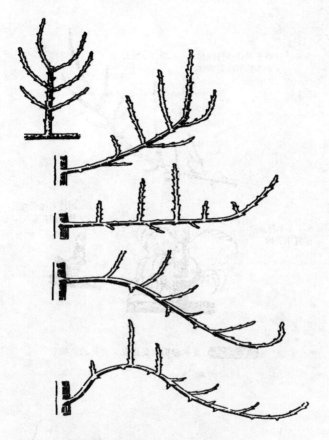

图 5-122　夏季拉枝角度对枝梢发育的影响

短和细；8 月份夏剪的二次枝生长量更小，枝条不充实，先端易发生冻害（图 5-124）。最晚应该在 8 月上旬结束夏剪。

二次枝的花芽形成率受品种和夏剪时期的影响而不同，如希望多形成花芽，6 月份进行夏剪较适宜。萌发习性和富士相近的品种，对弱的腋芽留 3 片以上

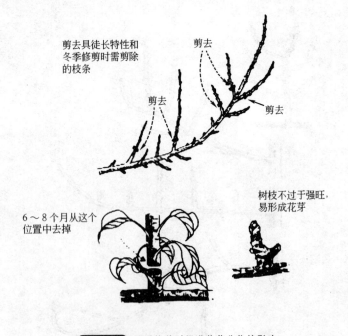

剪去具徒长特性和
冬季修剪时需剪除
的枝条

剪去

剪去

剪去

树枝不过于强旺,
易形成花芽

6～8个月从这个
位置中去掉

图 5-123 夏季修剪对促进花芽分化的影响

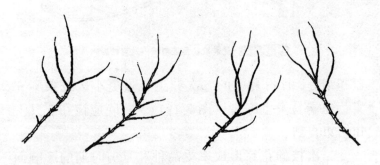

图 5-124 夏剪时期对二次枝发育的影响

叶剪除比较适宜。萌发困难的品种，如津轻、王林、红玉等，夏剪留数片至 9 片叶剪除，二次枝的发生率高，能有效防止枝的光秃现象（图 5-125）。

图 5-125 夏季修剪（前、后）

第六章

不同生长条件下的
整形修剪技术

第一节

不同树龄的修剪要点

1. 1 年生苹果树的整形修剪

（1）定干　定干高度 80～100cm，实行高定干低整形，剪口芽一般留在迎风面，剔除剪口下第二芽，发芽前对剪口下分布均匀的 4～5 个芽上方进行目伤，促其发枝。

（2）生长季节注意扶直中干，保持其生长优势。

（3）冬剪　中干不短截，把其下的第一、第二、第三甚至第四芽枝留桩疏除，保护母枝，维持新中干的生长优势，中干距地面 50cm 以内不留枝。

2. 2～3 年生苹果树的整形修剪

中干不短截，连年注意扶植，保持其生长优势，任其自然生长、自然分生，需要分枝的地方在春季树液流动前于芽的上方 0.5cm 处进行目伤；对主枝冬季不短截，夏季不摘心，连续缓放，使其自然生长；疏除夹角小、基粗与着生部位母枝粗度大于 1∶3 的枝，疏除主枝基部 30cm 以内的枝，保留自然分生的夹角大、基粗细、长度短的枝；秋季拉枝，对于长度大于 40cm 的一年生枝，在其基部先进行软化，再把它拉成 80°～90°进行固定，这样三四年后，树形基本形成。

3. 4～6 年生苹果树的整形修剪

4～6 年生苹果树形已经稳定，并开始结果，修剪的重点是疏枝、甩放、拉枝，稳固树体结构，促其进入盛果期。

在中干上疏枝，可先疏去离地面 50cm 以内的萌生枝，再疏去与中干夹角小、基部较粗、且严重影响风、光的枝，保留在自然生长条件下由侧芽萌发而形成的夹角大、基粗较细、长度短的主枝，当树高超过标准时，及时落头，控制树高。在主枝上疏枝，可疏去与主枝夹角小（小于 60°）、基部较粗、影响主枝生长的枝，保留与主枝角度大、生长势中庸的枝，当中干的主枝与主枝上的枝在同一方向发生重叠时，应疏去主枝上的枝而不能疏去中干上的枝，当主枝长度大于行距的 1/2 时，及时回缩，控制先端生长势，稳定树冠大小。

甩放可用于中干和主枝，对中干连年甩放，顶芽每年自然向上生长，而中干上的侧芽萌发后会形成数量多、夹角大、基部细、生长适中的枝；对主枝延长头连年甩放，顶芽自然向前生长的同时，主枝中后部的各年生枝段上的芽子萌发后会形成数量多、基部细、生长适中的各类中、短枝及叶丛枝或结果后抽生的果台副梢；对中庸枝和果台副梢甩放，会形成结果部位相对稳定、生长适中的单轴延伸结果枝组。

拉枝，对于长度大于 40cm 的一年生枝或长度适中的多年生枝，当角度小于 80° 时，在秋季及时软化，并把枝条拉至 80°～90°，使之缓势生长，尽快成花。

4. 盛果期树修剪

盛果期修剪的重点是回缩和调整结果枝组，疏除过密的枝组以解决果树的风、光条件。对主枝上过大的枝组一般从基部留桩（0.5cm）疏除，疏除后若空间较大需要枝组弥补，第二年可保留一个角度较大的萌蘖枝替代，主枝背上间隔一定距离应适当保留一定数量的背上斜生枝组，既可增加产量，又可形成一定的遮阴效果，使夏季的果实免受日灼。结果多年已经衰弱的枝组可及时回缩复壮，枝组或果台副梢出现较大分枝时，疏去分枝，使其单轴延伸，果台副梢一般可连续利用3～5年。

第二节

年生长周期修剪要点

在苹果树的年生长周期中，从根系生长开始，进行萌芽、开花、幼果发育、新梢生长、花芽分化、果实膨大、果实成熟直至落叶休眠，果树这种生长节奏，总是伴随着相应的营养代谢过程。果树光合作用制造的有机营养和从根系吸收的矿质无机营养，在果树体内运至各个器官，供器官建造、生长发育，果树营养在树体内的运送、转移、供应，在不同时期营养中心是有变换的。例如，自树萌动至开花期，营养优先供应有花的枝条和花器；落花后营养供应以新梢及副梢量多；花芽分化盛期，营养向短枝运送极为显著；从果实膨大至采收，营养则主要供应果实和种子发育；落叶前大部分营养则转移至大枝、大根中，成为储藏营养。根据不同时期营养中心的变换，及时进行修剪调节，也就是进行四季修剪，则可以有效地促、控果树不同器官的生长发育，调整营养生长和生殖生长，使果树丰产质优，经济寿命长久。

不同季节修剪的目的不同，解决的主要问题不一样，修剪方法也不同，修剪时期与方法要依据树种的生物学特性、品种的生长结果习性及生长结果过程中存在的问题，灵活运用。现将四季修剪的内容简述如下。

1. 春季修剪

芽萌动后于开花前进行。此时修剪能提高剪留芽的萌芽率，促生中短枝；合理疏花疏蕾，扼制过多挂果。此时期储藏营养大量向幼龄枝的枝端运转，修剪后养分损失比冬剪多，削弱树势的作用较重，萌芽力较低的品种、旺长树或需控制的旺长枝，宜春季修剪。剪去多留的花芽或缓放枝，对于冬季花芽不易识别的枝条，可于春季复剪，春季修剪宜早宜轻，以防严重削弱树势。

2. 夏季修剪

开花后至秋梢停止生长前进行。夏季修剪，能改善光照，促生二次枝，加速幼树整形，缓和树势和枝势，促进花芽分化。

修剪方法是：剪去过密枝叶，开张大枝角度；幼旺树上的骨干枝摘心、扭梢、拉枝、环剥等。坐果期环切、环剥；旺长幼树在花芽分化期带叶复剪。复剪修剪量要适度，方法以摘心扭梢、调整枝条角度为主，勿过多疏枝、短截和过重环剥。对于骨干枝与辅养枝的修剪，要区别对待。

3. 秋季修剪

秋梢将要停止生长或停长后进行。秋季修剪，能使枝条充实，提高越冬能力，改善光照，提高叶片光合作用；剪留枝芽增加营养积累，提高下年枝芽萌发力，促生较多的优质短枝，复壮内膛枝组；使树冠通风透光，促进果实着色，提高果实品质。

修剪方法是：对幼旺树的秋梢进行摘心；疏除过密叶；直立枝拉平，平垂枝吊枝，调整枝条角度，防止枝头下垂和大枝开角劈裂；摘除果实周围部分遮光叶片。秋剪也是带叶修剪，修剪一般不引起来年再旺长，但切勿修剪过重，也不宜在弱树上应用，否则会严重削弱树势。秋剪的时间要适当，过早会引起二次生长，过晚则难收到秋剪的良好效果。

4. 冬季修剪

在树落叶后于翌年春芽萌动前进行。冬剪后留下的枝芽获得的水分、养分相对增加，萌芽力增强，新梢长势旺，伤口愈合快，修剪引起的副作用小。

修剪方法：一般是采用疏剪、短截、回缩相结合，促控相结合的方法。幼树注意树体结构的培养，成龄树注意生长势的调整，力争长势不衰，各部位长势平衡，营养生长与生殖生长基本平衡，注意更新复壮问题。

第三节

不同树势的修剪要点

一、强旺树的修剪

树势生长过旺时，枝生长占优势，相对造成花芽分化营养不足，不利于花芽形成。对于这类枝在改造时，应主要以"缓"为主，延长枝长留，一般剪在弱芽处，加大主枝分枝角度（如拉枝，图 6-1），疏除背上枝组，多留侧、下枝组，实行骨干枝环切等措施，控制养分的运送，促进成花。

图 6-1 拉枝加大主枝角度

二、弱树的促旺修剪

当树体生长过弱时，可在肥水管理基础上，实行重剪刺激旺长。延长枝应剪在中部饱满芽处，以强枝

带头，逐步抬高延长角度，少留背下枝组，以防削弱
枝的长势，应多留背上及两侧的枝组，促进生长。

三、上强下弱树的修剪

修剪时，树冠下部枝可用竞争枝带头延伸，延伸
枝保持小角度延伸，促进下部枝生长。中上部枝加大
延伸角度，选留背下枝做延伸枝，以平衡树势
（图 6-2）。

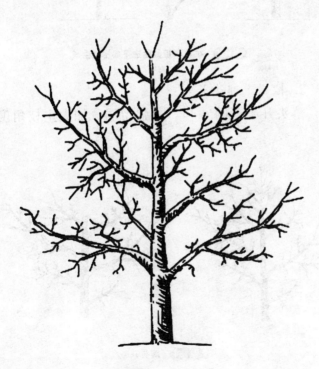

图 6-2　上强下弱树

1. 促进下部主枝生长

减小下部主枝开角，抬高角度；下部多短截，促

发新梢，少留花果（图6-3）。

促进下部主枝生长

短截

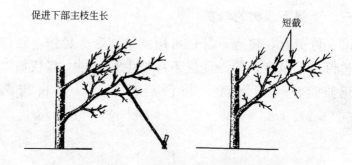

图 6-3 拉枝和短截促进下部主枝生长

2. 控制上部生长

落头开心（图6-4），去强留弱；加大主枝角度。

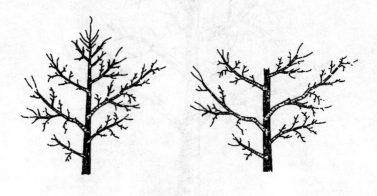

图 6-4 落头开心

3. 结果量调整

增加上部结果量，减少下部结果量（图6-5）。

图 6-5 调整结果量（上部多留果，下部少留果）

四、上弱下强树的修剪

上弱下强树的主要表现是在基部留大枝过多，树体营养过多用于基部枝条的生长，造成上部枝梢生长受阻。

1. 减少下部主枝数目

对过多的主枝和大枝去除，减少基部养分消耗，特别是一些轮生枝（图 6-6）。

2. 加大下部主枝角度

利用各种手段加大下部主枝角度，少短截，多留花果（图 6-7）。

3. 促进上部枝梢生长

缩小上部枝梢的夹角，背上枝延伸生长，多短截，少留花果（图 6-8）。

主枝轮生掐脖　　　　　　　　　　　疏除多余主枝和把门侧枝
（正视图）　　　　　　　　　　　　　（正视图）

图 6-6　疏除多余主枝和把门侧枝

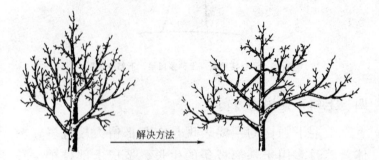

解决方法

图 6-7　拉枝加大下部主枝角度

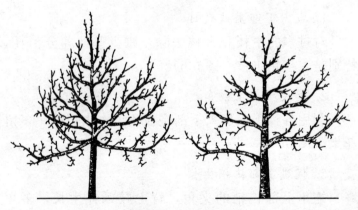

图 6-8　疏除结合短截

五、偏冠树的修剪

果树一面枝大，一面枝小出现偏冠生长时，解决办法：一是在枝下部疏枝，在小枝上部疏花；二是拉大大枝角度，抬高小枝角度；三是大枝多留果，小枝少留果；四是大枝方向要少施肥，在小枝方向多施肥，严禁用大砍大割的办法改造树形。

1. 风害引起的偏冠树的矫正

风害偏冠树矫正见图 6-9。

图 6-9　风害偏冠树矫正

2. 修剪管理不当造成的偏冠树矫正

修剪管理不当造成的偏冠树矫正见图 6-10。

3. 病害或机械损伤造成的偏冠树矫正

病害或机械损伤造成的偏冠树矫正见图 6-11。

六、光秃枝的处理

苹果树中有些枝连续几年不剪，常单轴延伸，很

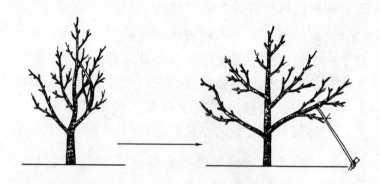

图 6-10 修剪偏冠树矫正

图 6-11 病害或机械损伤造成的偏冠树矫正

少发枝，形成大段光秃，这类枝成花性能差，由于营养面积有限，果实生长发育不良。对于这类枝条在修剪时，若有空间应对之实行刻伤或环切刺激芽萌发（图 6-12），长出所需枝条或及时回缩，刺激发枝，培养良好枝组，以扩大光合面积。若无空间，应立即疏除以改善树体通风透光条件（图 6-13）。

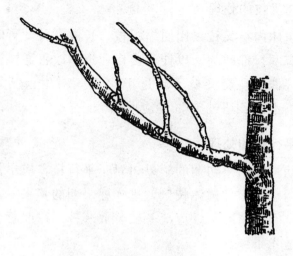

图 6-12　刻伤促芽

图 6-13　基部疏除

七、交叉枝的处理

树体内交叉枝采用回缩一枝，长放一枝，行间交叉时应两行都回缩，以便留出作业道，改善通风透光条件。株间在交叉枝不超过10％时，对生长结果情况影响不大，超过10％的应回缩。

八、平行枝的处理

幼树和结果初期的苹果树对于平行枝，应尽量拉转利用，以增加树体枝量，进入盛果期的苹果树，在没有空间的情况下，应疏一枝，放一枝，以改善树体通风透光条件。

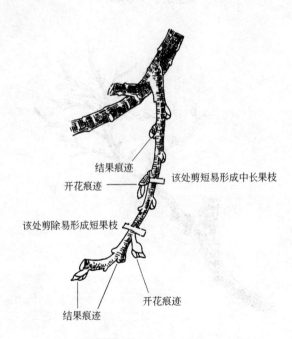

结果痕迹

开花痕迹 —— 该处剪短易形成中长果枝

该处剪除易形成短果枝

开花痕迹

结果痕迹

图 6-14 果台枝开花结果痕迹

九、辅养枝的处理

辅养枝在果树生长前期，应采取拉、压进行促花，以增加树体结果量。结果后应立即回缩避免后部光秃，培养成紧凑的结果枝组。

十、果台枝处理

目前下垂式果台枝是苹果生产中主要的果台枝类型，在修剪中一定要依据其习性进行果台枝整理（图 6-14）。

第四节

不同结果状况树的修剪要点

一、成型阶段的修剪管理（幼树期）

1. 多留侧生枝

幼树期间侧生枝多，作为主侧枝的候补枝，尽量多留为好。一方面能增加早期产量，另一方面为树形结构培养提供便利。同时地上部枝量多，有利于光合产物的积累，促进地下部根系的生长（图 6-15）。

幼树期侧生枝发生角度狭窄，长势旺，如过多剪除侧生枝，枝量减少，树冠缩小，会引起徒长枝发生。应该选择适宜的间隔，对侧生枝进行细心的拉枝诱引处理。

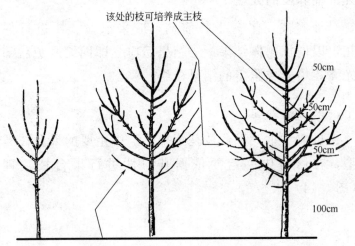

该处的枝可培养成主枝

50cm

50cm

50cm

100cm

追求早期产量预留的枝，不能作为主枝去利用

图 6-15 侧生枝的留用

2. 不要急于培养侧枝

随着树龄的增长，侧生枝也需要进行整理。但在整理过程中一定要注意，最大限度地去利用好侧生枝，为培养树形而过度剪除侧生枝，不利于早期丰产多收。对一些树形而言，除选留出主枝外，一般不要急于选留侧枝，待树冠扩展到一定程度后再确定侧枝为好。因为侧枝选留过早，会对侧生枝及早疏除，不利于结果。

3. 侧生枝的整理

在幼树后期，对侧生枝的整理原则：从下部开始整理，内部混杂的侧生枝的剪除是一种浪费，会刺激树体生长。随着幼树期间主侧枝的培养成型，骨干枝数目增多，反而小枝数目减少，修剪作业的空间变小。

主枝数目增多后，随着枝龄的增大，主枝基部1～2m范围出现光秃现象，给修剪管理带来诸多不便，产量显著下降。对主枝的培养应该长远考虑，不要急于确定。过早培养，剪除其他枝条，对一些徒长枝发生少的品种改型变得更加困难。在幼树期，为增加早期产量，应多留除主枝和侧枝以外的枝，这一点很重要。

二、成型树的修剪管理

1. 过密园的间伐

目前一般果园栽植密度较高，在成型阶段出现果园密闭。密植栽培能够维持20年很难，一般10年左右开始间伐。

2. 培养失败树形的矫正

疏散分层形、主干形等树形培养需7年左右的时间才能够完成。在树形培养过程中，常常出现培养失败的事例，如出现上强下弱，或者下强上弱，主侧枝层次不清，冠幅超标，高度失控，没有达到原有目标树形结构等情况。

对过长的侧枝于所定长度处缩剪，为防止缩减后生长过旺，可在侧枝基部进行锯伤处理；另外，通过树体结构调整，剪除量增大，对树整体造成强修剪反应，这种情况下，为防止树体生长过旺，可在主干部位进行环割和环剥处理。通过以上处理，树势仍然未缓和，可在 5 月末至 6 月中旬，再实施一次缓势措施。对徒长枝在夏季修剪（8 月初以前）时进行处理。

在树体改型中，为防止徒长，通过外科手术与夏季修剪并用的方法来缓和树势为宜。

3. 夏季修剪的活用

在树形矫正修剪中，经常要对枝条进行拉枝处理，拉枝角度大，会造成徒长枝林立，需要夏季修剪来处理，但要注意光秃枝的出现。

在中心枝的短截控制修剪上，1 年生枝短截发生的枝差异大，应在夏剪中剪除大的枝，与小的枝取得平衡。

随着树龄增大，5 年生左右的侧枝会出现与相邻树枝条的交叉，这时要对侧枝进行回缩处理，如果回缩强，会导致切口附近发生徒长枝，应在夏季修建中及时剪除。

夏季修剪时间：无用新梢的处理时间一般在 6 月份为宜，这样有利于花芽分化和枝条充实，最晚 8 月初结束，如推迟夏剪会导致树体内部光照不足。另外，8 月以后的夏剪，枝条切除的刺激效应会带到下一年，由于邻近冬季修剪，又会引起翌年的强生长（图 6-16）。

夏季徒长枝的整理：密植园与稀植园相比较，密植园的徒长枝数量是稀植园的 3 倍，一般密植园夏季修剪重，上部新梢剪除量多于中下部（图 6-17），因此密植园要加强夏季枝梢的管理。

图 6-16 夏季修剪对新梢生长的影响

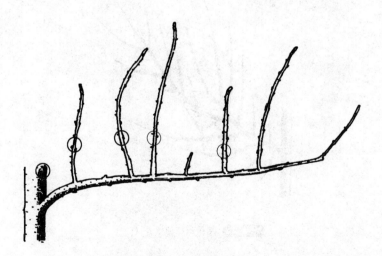

图 6-17 水平拉枝后的顶部优势

顶部优势崩溃，枝条背上芽萌发形成徒长枝，侧芽生长明显受到抑制。如冬季修剪时对徒长枝进行强修剪，容易造成裸枝现象。

4. 结果枝组的培养

侧枝生长 2 年后，腋芽萌发新梢，形成结果母枝。腋芽发出的 20cm（长果枝）左右伸长停止的新梢一般不进行处理。如果发出的新梢强旺，冬季修剪时必须去除的枝（发育枝），在 8 月初以前剪除，对侧枝背上部发出的直立强旺新梢也要剪除。在新梢剪除时适当留桩，能发出二次枝，该类枝容易培养成结果枝组（图 6-18）。

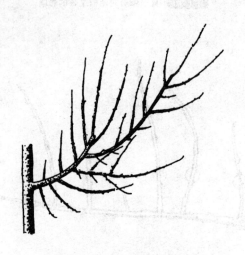

图 6-18 结果母枝的培养（一）

结果枝组结果后容易出现下垂，占用立体空间，特别是主干型树形，为增加侧枝间距，疏除一些过多的侧枝，但随着侧枝数目的减少，会出现侧枝大型化现象，导致树体生长空间不足，密度维持变得困难，不得不实施间伐。

顶芽为花芽的结果枝结果后容易下垂，可培养成结果枝组，但是，随着树龄的增长，结果母枝会变大，加重侧枝的负担，应进行适当的缩剪。

对过于强旺的结果枝组要进行疏除，疏除时留桩长短依据品种来定，'富士'潜伏芽萌发生长能力强，疏除时不留桩，无多大影响，但对'津轻'和'王林'等品种和'富士'一样从基部疏除，会导致侧枝光秃。

5. 过粗侧枝的更新

一般粗壮的侧枝生长量大，枝展较长，徒长枝发生多（图6-19），对这样的侧枝更新，尽量选择在侧

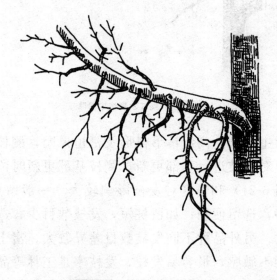

图6-19 结果枝组的培养（二）

枝分叉点附近位置发出的小枝处较合适，如遇侧枝基部 30cm 以上光秃的情形，留基部 5～20cm 剪除，利用新发出的徒长枝更新培养侧枝（图 6-20）。

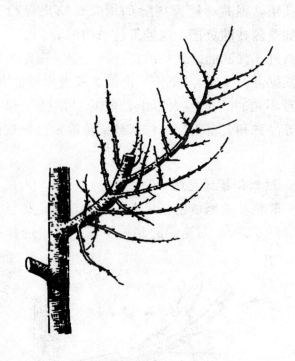

图 6-20 侧枝发育途中剪除

对主干型、高纺锤形树形及密植果园，侧枝过大时，应对侧枝进行基部更新。侧枝基部更新时留桩长度（图 6-21）和角度对发枝影响较大。一般留桩长，发枝多，选留便利；如留桩短，发枝数目少，选留难度加大。另外品种不同发枝数目差异较大，富士对留桩长度不敏感，最容易发枝，发枝率是王林等品种的 4 倍左右，对发枝难度大的品种应增加留桩长度，以

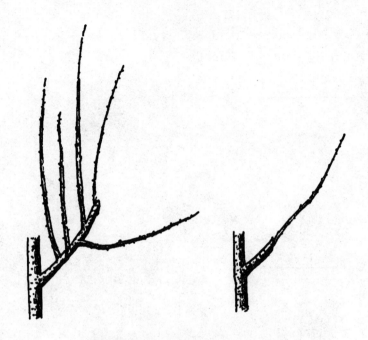

图 6-21　更新时留桩长度对发枝的影响

利于发枝。在剪切角度上 45°斜剪发枝最好。

第七章

苹果树修剪中存在的
问题与解决方法

　　目前苹果生产中普遍存在栽植密度大、树形紊乱、修剪不规范等问题。虽然苹果整形时讲究"随树整形"的大原则，但目前生产中多数果园树形不统一，修剪手法陈旧，枝类组成失调。生产中普遍对于短截手法应用得较多，导致分枝增多，树势不易缓和，枝梢旺长，长枝多，中短枝少，难成花，结果迟，产量低。修剪盲目性大，不能很好地与树龄相配套，修剪方法千篇一律，不能按树势而剪。局部与整体关系不协调，偏冠现象较常见，使中干长势减弱，严重时会形成下强上弱现象；剪口留芽不适，特别是留弱芽的情况下，不利发枝，会导致缺枝，出现光秃枝；环割环切过重、肥水供给不足、结果过量时常导致大小年结果等原因引发的偏冠树，对产量的形成和品质的提高是非常不利的。由以上描述可知，苹果生产中存在的问题较多，是制约果品优质丰产的关键，需要逐一分析和解决。

第一节

苹果树修剪中存在的主要问题

　　1. 冠幅过大，果园密闭

　　由于密植栽培有利光合面积形成，促使早期产量提高，因而在 20 世纪 80 年代以后所建的果园，基本上都以密植栽培为主，栽植过密，行间距过小（图7-1），枝条生长空间受限，出现交叉。密植栽培技术

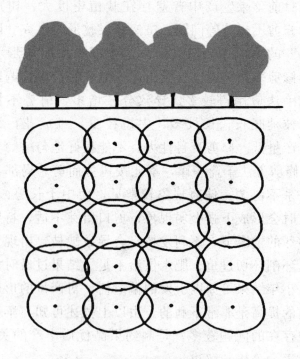

图 7-1　行间郁闭的果园

要求严格，特别是树形要与之相配套，而生产中多数地方仍沿用传统的疏散分层形，这必然导致果园整体光照条件恶化，通风透光差。

2. 枝类级数过多

沿用传统的修剪方式，对苹果树的开花结果习性了解不足，在主侧枝培养上缺乏更新观念，多年累积，造成枝条生长基数过多，结果枝类型复杂化（图7-2），枝龄和花芽质量差异加大，未能有效利用适宜的结果枝结果，造成树体养分浪费，用于结果的营养减少，果品产量和质量下降。

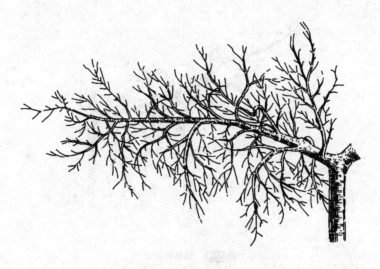

图 7-2 枝类级数过多

3. 结果枝更新不及时

结果枝生长一定年限后老化，基部光秃现象严重，生产能力下降。在大多数修剪管理中，培养目标不明确，导致结果枝配置混乱，生长方向不一致。由于不留预备枝，造成了结果枝老化严重（图 7-3）。

4. 舍不得去大枝

在枝组小型化的趋势下，特别是纺锤形树形培养中，经常出现下大上小情况，没有达到理想的树形结构。主要原因是怕影响当年产量，舍不得去大枝，逐年积累导致树形结构紊乱（图 7-4）。

5. 不注重树形结构培养

为追求前期产量，留枝过多，不注重树形结构培养，导致后期侧枝生长过大，主侧枝生长粗度和大小

图 7-3　结果枝老化

图 7-4　大枝过多

难以分辨，主侧枝数目过多，树形结构出现紊乱
（图 7-5）。

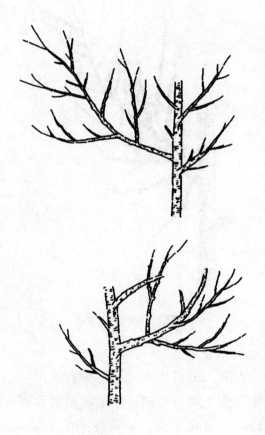

图 7-5 树形结构紊乱

6. 主侧枝弯曲生长

延长枝随意变角变相，导致树体养分输运不流
畅，造成不应有的优势部位徒长（图 7-6）。

图 7-6 主侧枝变角变相

7. 回缩不合理

树冠密闭，无延伸空间后，多数采用回缩的方法
对树体外围枝条进行处理，压缩枝条的枝展空间，但
回缩量轻，主要在外围，导致枝条的单轴延生受阻，
出现分枝基数加大、枝条类型多、老化、内堂光秃等
现象（图 7-7）。

而纺锤形树形的培养，由于对大枝组缺乏基部更
新培养理念，导致结果枝大型化严重，冠幅失控
（图 7-8）。

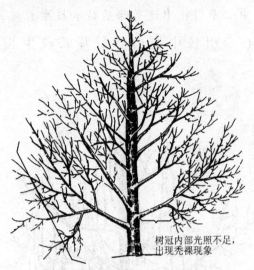

树冠内部光照不足，
出现秃裸现象

树冠外围枝条密集，
结果部位外移

图 7-7　回缩不合理

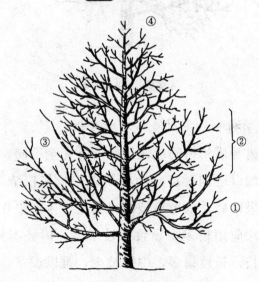

图 7-8　冠幅失控

①结果枝过大组；②基部主枝生长强旺；③枝条过密；④上部生长弱势

8. 中心牵引枝中途剪除后徒长枝生长林立

中心牵引枝中途剪除后徒长枝生长林立见图 7-9。

图 7-9 徒长枝林立

9. 幼树和成年树修剪不加区分

幼树与成年树的成花结果习性完全不同，在修剪上也要加以区别对待。幼树期以中长果枝结果为主。进入盛果期后，以短果枝结果为主，生产中普遍对于短截手法应用较多，导致分枝增多，树势不易缓和，枝梢旺长，长枝偏多，中短枝少，难以成花，结果延迟，产量低（图 7-10）。

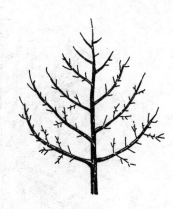

图 7-10　幼树和成年树修剪

第二节

解决的技术措施

一、优良树形结构培养技术

按照树形要求，从幼树开始培养，一定要明确主从关系，处理好主侧枝区分和间隔，在追求早期丰产的前提下，不能忽视树形结构的培养。

① 整形处理好个体与整体光照问题，使树冠均衡扩展（图 7-11），防止树体生长参差不齐。

② 重视树木自然生长规律，科学合理地整形，不能蛮干，防止乱长（图 7-12）。

中心干和侧枝的剪留方法：主干型树形的培养，最初应以圆锥状整枝为好。

图 7-11 树冠均衡扩展

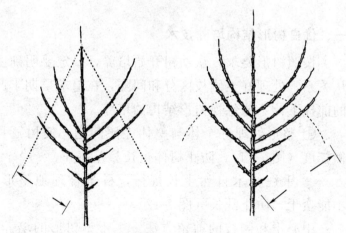

图 7-12 科学合理整形

③ 培养良好树形，提高修剪效率，主侧区别明显，间隔配置合理（图 7-13）。

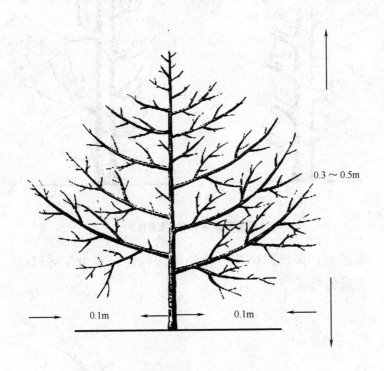

0.3～0.5m

0.1m   0.1m

图 7-13 良好树形结构

二、结果枝组更新培养技术

1. 基部原位更新培养

过大的结果枝从主枝或者侧枝基部留桩剪除，留桩长度依据需要进行调整，减少结果枝的生长年限和分枝级数，简化修剪方式（图 7-14）。

2. 枝条的直线单轴延伸生长

改变传统修剪方式，尽量减少中途变角变相、中

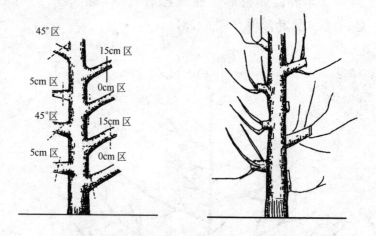

图 7-14 基部原位更新培养

途回缩，保持树体养分供给的流畅性，减少优势部位
造成的徒长（图 7-15）。

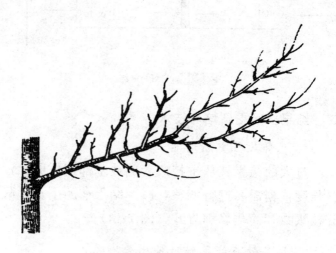

图 7-15 枝条单轴延伸

3. 结果枝的一致性

保持结果枝枝龄、类型和花芽类型的一致性（图
7-16），提高果品质量。

图 7-16 结果枝一致性

第八章

低产园改造技术

一、高接换种

高接换种是在原有老品种的树冠上，改接优良品种，进行品种更新。通过采用此项技术措施，一般2～3年即可恢复原有树冠大小，产量恢复快、效益明显提高，是果品结构调整、低产果园改造常用的技术措施。

1. 高接工具

切接刀、芽接刀、剪枝剪、铲刀、削穗器。

2. 高接时期

(1) 春季 2～4月树体已开始活动，但接穗还未萌发时进行。此时高接以枝接为主，用带木质部的芽接也可以。

(2) 秋季 8～9月树体和接穗均易离皮时进行，而且接穗的芽应充分发育成熟。以带木质部的芽接为主。秋季高接，秋季温度尚高时砧穗愈合成活，翌年春天可提早萌发生长。

3. 高接方法

采用劈接（图8-1）、嵌芽接（图8-2）。

4. 高接后的管理

(1) 土壤管理

① 高接后多采用叶面喷肥的方法施肥。一周一次，用速效肥料。应薄肥分施，以免根系遭受伤害。以腐熟的有机肥为好。

② 加强土肥和树体管理，增加高接树的储藏营

图 8-1 劈接

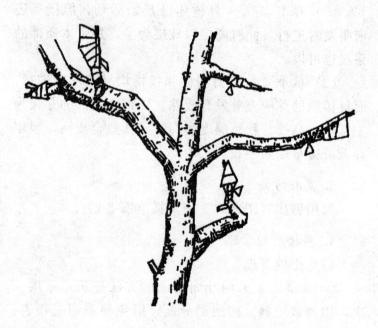

图 8-2 高接方法

养水平，促进高接前的树体发根，保护叶片的光合效益。这样，高接后发枝快，根系恢复也快。

③ 高接后根系的恢复从表层开始，随着地上部树冠的恢复，根系也向下层恢复。因此，高接后 2 年内不要中耕，以免伤害表层根系。及时灌水，以免干旱伤及表层根系。有条件时可进行覆盖。

（2）树体管理

① 为使高接树尽早形成树冠，头 1～2 年不接或减少结果的数量；

② 设置支架，以免风吹或结果使之折断；

③ 及时拉枝以形成合适的角度和树形，摘心以促进分枝；

④ 除萌，以防干扰高接新品种的新梢生长和防止结果后的品种混杂。

二、更新复壮

更新复壮见图 8-3。

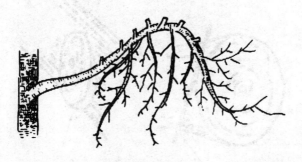

图 8-3　更新复壮

三、枝组更新

1. 预备枝的选留

利用预备枝培养结果枝见图 8-4。

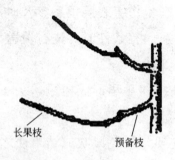

长果枝　　　　　预备枝

图 8-4 利用预备枝培养结果枝

2. 更新方法

(1) 小枝组的更新见图 5-43。

(2) 大枝组的更新见图 7-14。

(3) 下垂枝更新见图 5-45。

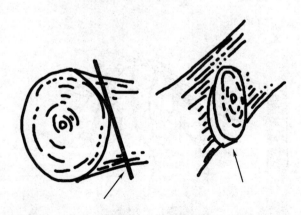

图 8-5 枝条剪切方法

3. 枝条剪切方法

枝条剪切方法见图 8-5。

四、老龄密植果园间伐

老龄密植果园间伐见图 8-6。

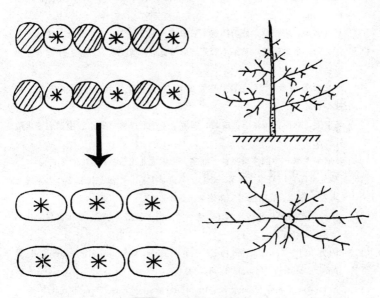

图 8-6　老龄密植果园间伐

参 考 文 献

[1] 耿玉韬等主编. 北方果树修剪技术图解. 北京：中国农业出版社，1998.

[2] 张克俊等主编. 果树整形修剪大全. 北京：中国农业出版社，1996.

[3] 苹果树整形修剪技术（山东省地方标准）(DB/3700；B31025—90).

[4] 汪景彦编著. 图说红富士苹果整形修剪技术. 北京：中国农业出版社，1999.

[5] 马希满等. 密植苹果修剪图解. 石家庄：河北科学技术出版社，1996.

[6] 张文和，牛自勉著. 苹果小冠开心形与整形修剪技术. 北京：中国农业出版社，2004.

[7] 汪景彦等编著. 现代苹果整形修剪技术图解. 北京：中国林业出版社，1993.

[8] 马宝焜，杜国强，张学英编著. 图解苹果整形修剪. 北京：中国农业出版社，2010.

[9] 丛培华主编. 中国苹果品种. 北京：中国农业出版社，2015.

[10] 菊池卓郎，塩崎雄之輔著. せん定を科学する—樹形と枝づくりの原理と実際. 东京：農山漁村文化協会出版，2005.

[11] 塩崎雄之輔著. 図解リンゴの整枝せん定と栽培. 东京：農山漁村文化協会出版，2012.

[12] Richard P. Training and pruning apple trees. Agricultural research and extension center，Virginia Tech，2014.

[13] Robinson T and Hoying S. Apple orchard systems：Tree density，rootstocks and pruning systems. Dept. of horticulture，Cornell university，2013.